簡單質樸的美味，每天都想吃

東京藏前人氣名店
菓子屋SHINONOME的
烘烤點心

毛　宣惠

出版菊文化

前言

我的店—菓子屋SHINONOME，位於東京東側台東區的藏前。許多客人都說菓子屋SHINONOME的糕點「簡單質樸不會太甜，所以好吃」。這或許是我個人並非嗜甜螞蟻黨的緣故吧。不太喜歡甜食的人能理所當然地接受，喜歡甜食的人會每天都想吃，以這樣的概念製作出具溫潤感，對身體無負擔的美味糕點，就是我們的目標。

與學生時代看著照片學習烘焙，而踏入糕點製作的初衷，已經有一點點不同了。從想要令人開心，想要讓人美味品嚐的起點，現在的出發點已經變成"正視自己"了。相較於需要冷藏的新鮮糕點，烘烤點心製作上較為單調，外觀看起來也不是很華麗。但其中的樂趣在於，使用的食材風味能夠直接呈現在成品上，如此的簡單、質樸，反而是吸引人的魅力所在。在不斷默默累積的單調作業中，不知不覺這樣的時光，就成了和自己相處的重要時間。感覺很像回到學生時代，一個人在暗房中工作般。

覺得製作糕點十分自由美好，製作者只要充分表現自己即可。菓子屋SHINONOME的糕點，有很多使用了茶葉，這是因為自我小時候開始，茶葉就是身邊最易取得、熟悉的材料。請大家將自己"喜愛"的材料自由的運用在糕點製作上，並享受其中帶來的樂趣，藉此沈浸在屬於自己的時光，為了自己而製作也好，為了重要珍視的人而作也很棒。每天若能有溫潤柔和的糕點相伴，相信能為生活中帶來愉悅與美好。

簡單質樸的美味，每天都想吃

東京藏前人氣名店菓子屋SHINONOME的烘烤點心

目錄

本書的使用方法

●烤箱的溫度與烘烤時間爲參考標準。烘烤時間會因烤箱的熱源與機種而略有差異，請邊視狀況邊進行調整。

●用烤箱烘烤時，待烘烤時間過半，請轉換烤盤方向以避免烘烤不均。

●使用的是300W的微波爐。500～600W功率有可能會導致奶油融出，因此用較低功率視情況調整加熱時間。

●使用幾種不同的麵粉、奶油、砂糖等材料，詳細內容請參照P.90～91。

烏龍茶馬德蓮

Oolong Tea Madeleines

是菓子屋 SHINONOME 的招牌。總是像這樣盛放在櫃枱的大盤中。

我心目中理想的馬德蓮是表面香酥，中央鬆軟柔和的口感。使用了具有保水性的上白糖和蜂蜜，與雞蛋混合時，避免攪入空氣地進行混拌，就能完成細緻又具潤澤口感的成品。用略深的烤模烘焙就是訣竅，烤模略深才能”凸臍“般膨脹起來，淺模的膨脹較差，也容易有烘烤不均的情況。

這款馬德蓮最具魅力的重點，就在於優質烏龍茶豐富的香氣。加入茶葉粉末混拌，還有熬煮出味道香氣濃郁的烏龍奶茶，茶香二重奏地呈現美味。這樣豐富的茶香與發酵奶油的香濃更是絕配，也可以變化搭配香氣十足的紅茶或焙茶。

散熱後中央仍帶著溫熱時享用也很好吃，但我自己最喜歡剛完成烘烤時，一手一個地邊走邊吃。放置一天後，香氣完全滲入其中，也另有一番美妙滋味。

烏龍茶馬德蓮

◉材料

（長6.8×寬6.7cm 11～12個）

低筋麵粉　125g
泡打粉　5g
奶油（發酵）　100g
全蛋（攪散）　100g
上白糖　80g
蜂蜜　14g
烏龍茶葉　4g
烏龍奶茶（取其中30g使用）
- 牛奶　50g
- 烏龍茶葉　4g

◉預先準備

- 過篩低筋麵粉。
- 雞蛋回復室溫。
- 在模型中刷塗融化奶油（用量外），用茶葉濾網篩入高筋麵粉（用量外）防沾。
- 以200℃預熱烤箱。

製作烏龍奶茶。在小鍋中溫熱牛奶至即將沸騰，將烏龍茶葉（或茶包）放入，煮出濃郁茶味。降溫後用茶葉濾網過濾。

在另外的鍋中放入奶油，以小火加熱至50℃以上融化。熄火，保持40～45℃。

烏龍茶的茶葉用磨粉機細細的打碎。沒有磨粉機時，也可以用研磨缽磨成細碎狀。

在缽盆中放入低筋麵粉、泡打粉、放入3，混拌至均勻。

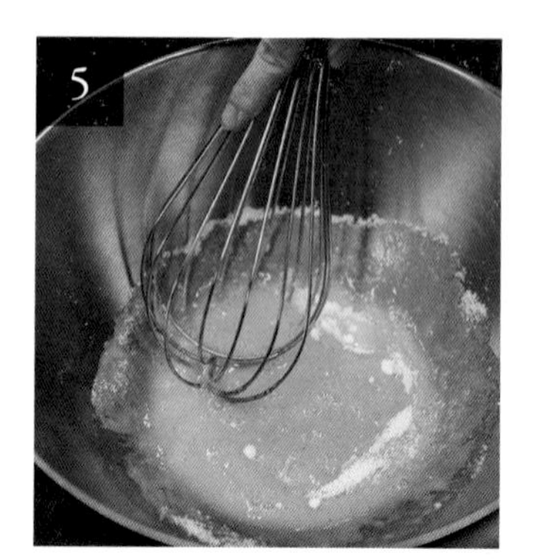

在另外的缽盆中放入雞蛋，用攪拌器攪斷蛋筋，加入上白糖後立即摩擦般的混拌。

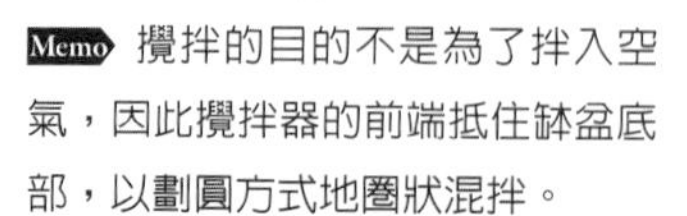
Memo 攪拌的目的不是為了拌入空氣，因此攪拌器的前端抵住缽盆底部，以劃圓方式地圈狀混拌。

待砂糖溶化後，加入蜂蜜，與5同樣地混拌至均勻。待冷卻至室溫時，加入1 30g，混拌至均勻。

將[4]加入[6]中，混拌至粉類消失爲止。

Memo 一氣呵成地混拌，比較不容易結塊。

將40～50℃的[2]分二次加入[7]，每次加入後都混拌至均勻，並使整體充分融合。

Memo 融化奶油的溫度過低時，會不易與麵糊融合，溫度過高（60℃以上）也不好。

將麵糊放入擠花袋內，緊閉開口處，置於冷藏室靜置1～2小時。

Memo 也可用夾鏈保存袋或厚的塑膠袋來替代（擠時切掉一角）。

擠前，先將[9]放入300W的微波爐略略溫熱。擠至預備好的模型中約8分滿。

Memo 若是冷卻狀態下直接擠並烘烤，完成時表面容易產生氣泡。溫熱後製作可以烤出漂亮的光澤。

將模型底部在工作檯上輕敲，破壞麵糊內的粗大氣泡。用200℃的烤箱烘烤約12分鐘，將溫度調降至170℃再烘烤約3分鐘。

取出後，將模型在工作檯上輕敲，排出底部的蒸氣。趁熱將馬德蓮翻面，擺在模型上降溫，之後再移至蛋糕冷卻架上放涼。

不會過甜，可以當作早餐，當然更是點心的絕佳選擇。

楓糖馬德蓮

Maple Madeleines

可以直接品嚐到雞蛋和發酵奶油風味的原味馬德蓮，後韻隱約留有楓糖漿的芳香。

用寬幅略小，較長型的貝殼模烘烤。

◉材料

（長7.5×寬5cm 10個）

低筋麵粉　125g

泡打粉　5g

奶油（發酵）　100g

全蛋（攪散）　100g

上白糖　70g

楓糖漿　40g

◉預先準備

- 過篩低筋麵粉。
- 雞蛋回復室溫。
- 在模型中刷塗融化奶油（用量外），用茶葉濾網篩入高筋麵粉（用量外）防沾。
- 以200℃預熱烤箱。

◉製作方法

1　奶油與p.8的步驟2同樣地融化。

2　混合低筋麵粉與泡打粉，混拌至均勻。

3　在缽盆中放入雞蛋，用攪拌器攪斷蛋筋，加入上白糖後立即摩擦般的混拌。待融合後，加入楓糖漿，均勻混拌。

4　在3中加入2，混拌至粉類完全消失。

5　將40～50℃的1分二次加入4之中，每次加入後，都混拌至均勻。並使整體充分融合，麵糊就完成了。

6　將5放入擠花袋內，緊閉開口後，置於冷藏室靜置1～2小時。

7　擠入模型之前，先將5放入300W的微波爐略略溫熱，擠至預備好的模型中約8分滿。

8　與p.9的11、12同樣地烘烤，冷卻。

芝麻馬德蓮

Sesame Madeleines

混入了黑芝麻醬和炒香黑芝麻的馬德蓮。
爲了能更烘托出黑芝麻的風味，不使用發酵奶油，
而改用香氣溫和的原味奶油。

◉**材料**

（長7.5×寬5cm　10個）

低筋麵粉　125g

泡打粉　5g

奶油（無鹽）　100g

全蛋（攪散）　100g

上白糖　80g

蜂蜜　30g

黑芝麻醬　20g

炒香黑芝麻　適量

◉**預先準備**

・過篩低筋麵粉。

・雞蛋回復室溫。

・在模型中刷塗融化奶油（用量外），用茶葉濾網篩入高筋麵粉（用量外）防沾。

・以200℃預熱烤箱。

◉製作方法

1　奶油與p.8的2同樣地融化。

2　混合低筋麵粉與泡打粉，混拌至均勻。

3　在缽盆中放入雞蛋，用攪拌器攪斷蛋筋，加入上白糖後立即摩擦般混拌。待融合後，加入蜂蜜和芝麻醬，均勻混拌。

4　在3中加入2，混拌至粉類完全消失。

5　將40～50℃的1分二次加入4之中，每次加入後，都混拌至均勻。並使整體充分融合，麵糊就完成了。

6　將5放入擠花袋內，緊閉開口處後，置於冷藏室靜置1～2小時。

7　擠入模型之前，先將6放入300W的微波爐略略溫熱。

8　將7擠至預備好的模型中約8分滿，中央處擺放1小撮炒香的黑芝麻。

9　與p.9的11、12同樣地烘烤，冷卻。

楓糖餅乾 *Maple Cookies*

【切模】

是菓子屋SHINONOME最基本款的餅乾。在低筋麵粉中混入了2成左右的杏仁粉製作麵團，再用發酵奶油來增添香濃。爲了讓幼兒也能吃，使用了純天然的食材，楓糖粉、糖粉都只各添加少量，完成甜度爽口的成品。更因爲控制了甜度，因此不喜歡甜食的人也能美味地享用。表面上撒的是楓糖粉，因結晶較大烘烤後也不會完全融化，更可增添口感。

餅乾本身，就是香酥、硬脆的爽口質地。爲了能呈現這樣的口感，麵粉不使用一般蛋糕常用的低筋麵粉，而使用蛋白質含量較多（容易產生麩質、筋性）的法國產低筋麵粉。

使用大量奶油的餅乾，在冷卻凝固的堅硬狀態下迅速進行擀壓、切模，是鋼鐵般不變的原則。若是作業時間較長，因室溫及手的溫度使麵團溫熱軟化，請再放回冷藏確實冷卻凝固後再重新進行作業。切模後剩餘的麵團，可以做成自己喜歡的形狀烘烤。

楓糖餅乾

◉材料

（長5×寬7cm　8～9片）
低筋麵粉（Ecriture）　110g
杏仁粉（去皮）　20g
奶油（發酵）　60g
全蛋（攪散）　15g
楓糖粉（請參照 p.91）　28g
糖粉　12g
楓糖粉（裝飾用）　適量

◉預先準備

- 各別過篩低筋麵粉、杏仁粉、糖粉。
- 雞蛋回復室溫。
- 以160℃預熱烤箱。

在缽盆中放入低筋麵粉和杏仁粉，均勻混拌。

在另外的缽盆中放入奶油，用橡皮刮刀混拌成柔軟的乳霜狀。

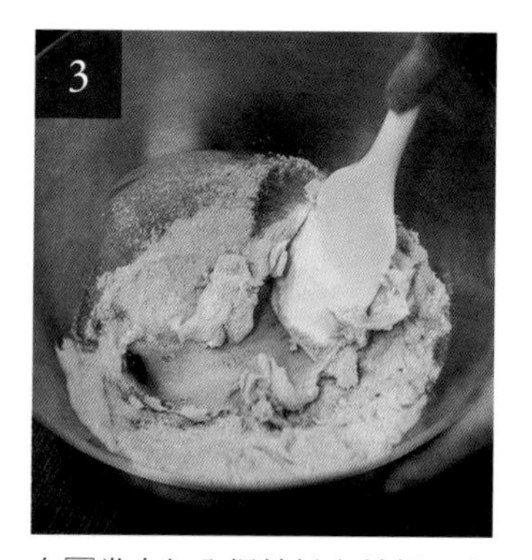

在[2]當中加入楓糖粉和糖粉，均勻地揉和混拌。

Memo 避免攪入空氣地混拌。沒有必要混拌至顏色發白。

將雞蛋分二次加入[3]之中，每次加入後都確實混拌使其乳化。避免產生分離地充分混拌均勻。

將[1]加入[4]，彷彿切開般不攪拌地進行混合。用橡皮刮刀細細地切拌使粉類融合。一旦攪打般混拌時，口感也會隨之改變。

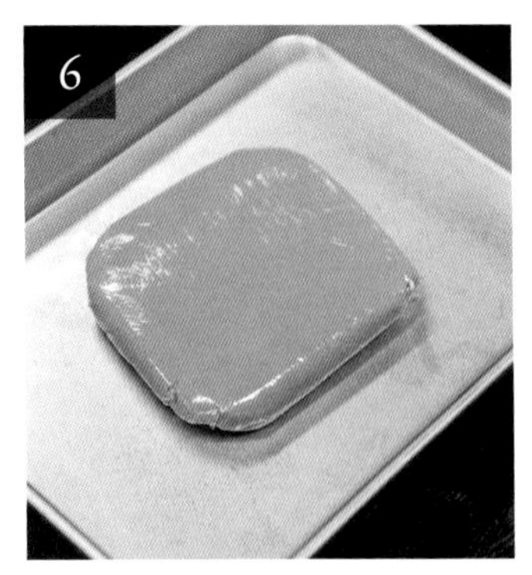

將[5]整合成團後，用保鮮膜包覆，並以擀麵棍整形成2cm厚的四方形。靜置於冷藏室20分鐘。

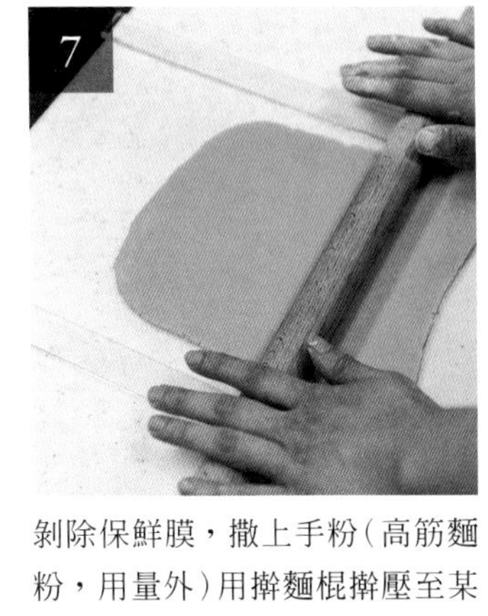

剝除保鮮膜，撒上手粉（高筋麵粉，用量外）用擀麵棍擀壓至某個程度後，在兩側擺放5mm的厚度尺，擀壓成5mm厚。

Memo 在作業過程中數次轉動麵團的方向，前後左右沒有偏差的施力擀壓。最重要的是要迅速擀壓。過程中麵團若變軟了，就先放入冷藏室冷卻凝固後再進行作業。

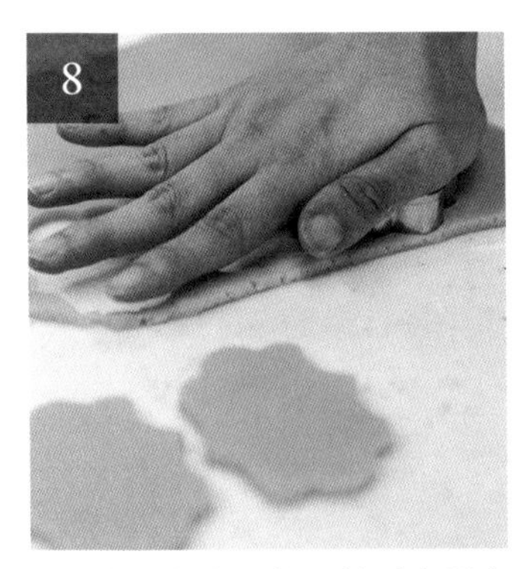

在切模內撒上手粉，按壓在[7]上切出形狀，並排放在舖有矽膠墊的烤盤上。

Memo 雖然口感會有一些不同，但剩餘的麵團重新整合擀平，再以切模壓出即可。

在麵團正中央擺放1小撮的楓糖粉，用160℃的烤箱烘烤約17分鐘。取出散熱降溫後，移至蛋糕冷卻架上放涼。

【模型餅乾的重點】

◆ 麵團最少要靜置20分鐘。藉由靜置，可以抑製麵筋的作用，也能讓模型更容易按壓切開。此外，也能防止烘焙後收縮。

◆ 二次麵團（切模按壓後剩餘的麵團），重新整合烘烤，也十分美味。

這款餅乾，是菓子屋SHINONOME從開店起就有的基本經典商品。模型是在合羽橋工具街找到的。

檸檬薄荷餅乾

Lemon Mint Cookies

【切模】

檸檬和薄荷共同呈現的清涼感。糖漬檸檬皮不是混入麵團中，而是擺放在表面後再擀壓，可以清楚看見黃色的檸檬皮，完成時分外可愛。用檸檬形狀的模型按壓，視覺也感受到清新。

◉材料

（長5.5×寬7.5cm 13片）

低筋麵粉（Ecriture） 180g

全麥粉 40g

杏仁粉（去皮） 40g

奶油（發酵） 120g

全蛋（攪散） 30g

糖粉 80g

鹽 0.4g

牛奶 6g

糖漬檸檬皮碎（請參照p.91） 20g

薄荷（請參照p.91） 1.2g

糖漬檸檬皮 適量

*糖漬檸檬皮也可以切成5mm丁。

◉預先準備

- 各別過篩低筋麵粉、全麥粉、杏仁粉、糖粉。
- 奶油、雞蛋回復室溫。
- 以160℃預熱烤箱。

◉製作方法

1 和p.14的1、2同樣地混合粉類，將奶油混拌成乳霜狀。

2 將糖粉與1的奶油混合，用橡皮刮刀混拌至均勻。

3 混合雞蛋和牛奶，分二次加在2當中，每次加入後都確實混拌使其乳化。

4 在3中添加糖漬檸檬皮碎，均勻混拌。

5 加入1的粉類、薄荷，彷彿切開般不攪拌地進行混合。

6 整合成團後用保鮮膜包覆，並用擀麵棍整形成2cm厚的四方形。靜置於冷藏室至少20分鐘。

7 剝除保鮮膜，撒上手粉（高筋麵粉，用量外）用擀麵棍擀壓成7mm厚。均勻地撒上糖漬檸檬皮丁（a），再以擀麵棍擀壓入麵團表面（b）。擀壓至某個程度後，在兩側擺放5mm的厚度尺，擀壓成5mm厚。

Memo 在此多一道工夫，就能在餅乾表面看到糖漬檸檬皮。

8 在切模內撒上手粉，按壓7切出形狀（c）。

9 在舖放矽膠墊的烤盤上，排放8。

10 用160℃的烤箱烘烤約17分鐘。取出散熱降溫後，移至蛋糕冷卻架上放涼。

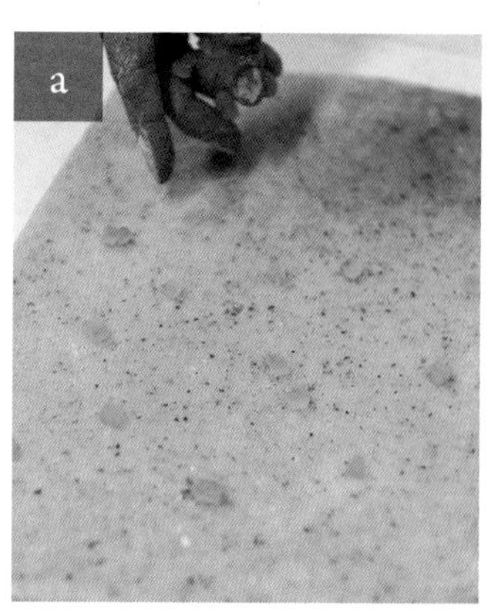
a

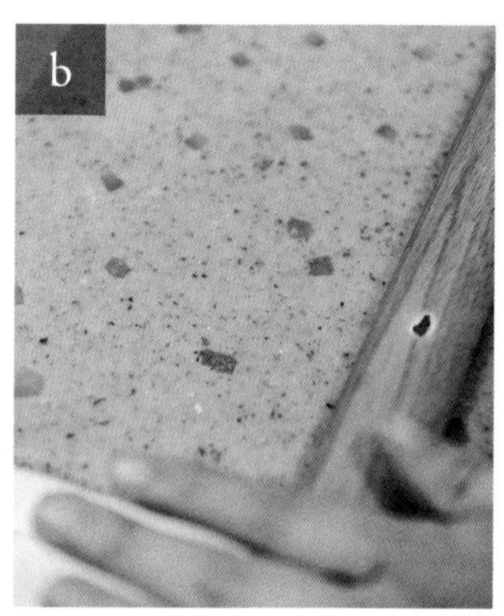
b

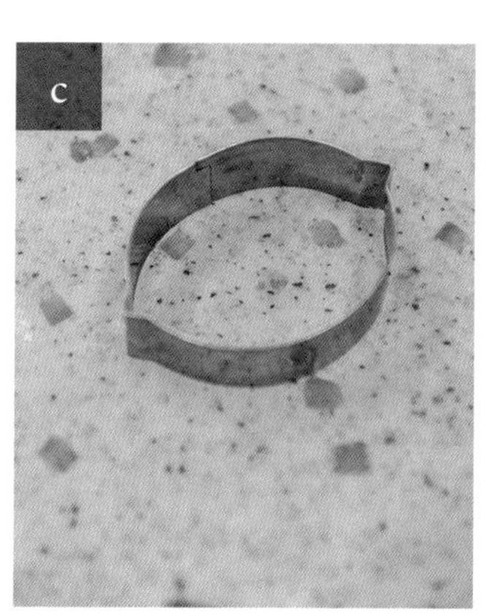
c

蔓越莓奶油酥餅【切模】

Cranberry Shortbread

酥鬆易碎的質地，是奶油酥餅代表性的特徵。在蘇格蘭當地是厚實質樸的成品，但在此混入了米粉，做出較輕盈的口感，也試著加入乾燥蔓越莓增添變化。

◉材料

（直徑4cm 20片）

低筋麵粉（Ecriture） 150g

米粉 30g

奶油（發酵） 130g

糖粉 55g

鹽 1g

牛奶 10g

乾燥蔓越莓（切碎） 20g

◉預先準備

- 各別過篩低筋麵粉、米粉、糖粉。
- 奶油回復室溫。
- 蔓越莓浸泡於熱水中還原，瀝乾水分，置於室溫下冷卻。
- 以160℃預熱烤箱。

◉製作方法

1 在缽盆中放入低筋麵粉、米粉和鹽，均勻混合備用。

2 在另外的缽盆中放入奶油，用橡皮刮刀充分混拌成乳霜狀（a）。

3 在[2]中加入糖粉，確實混拌至顏色發白。

4 在[3]中，依序加入牛奶、蔓越梅，每次加入都充分混拌。

5 將[1]加入[4]中，用橡皮刮刀彷彿切開般不攪拌地進行混合。

6 待粉類消失後，整合成團以保鮮膜包覆，並用擀麵棍擀壓，再使用厚度尺，擀壓成1cm厚。置於冷藏室至少20分鐘。

Memo 因是奶油用量較多的麵團，一旦變軟就會沾黏，冷卻後就會變硬。

7 在切模內撒上手粉，按壓[6]切出形狀，排放在舖有矽膠墊的烤盤上。

Memo 麵團開始會沾黏時，先放入冷藏室冷卻凝固後再進行作業。

8 用160℃的烤箱烘烤約25分鐘。取出散熱降溫後，移至蛋糕冷卻架上放涼。

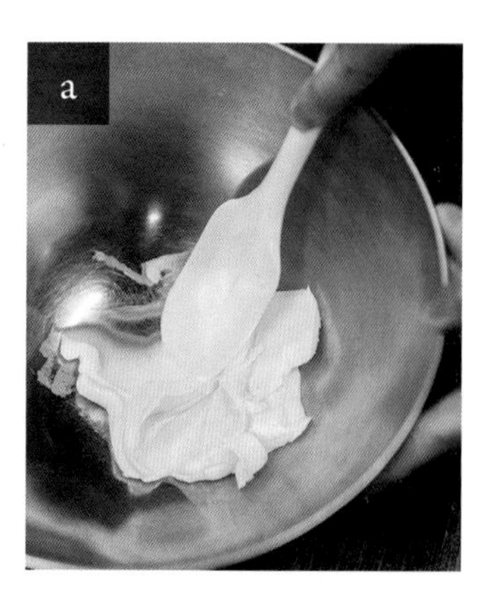

紅茶餅乾

Tea Cookies

【冰箱餅乾】

麵團整形成圓柱狀，冷卻凝固後，用刀子從一端切片後烘烤的餅乾，稱爲冰箱餅乾。不需要薄薄擀壓、按壓切模，也不需要特別的工具，也不會有耗損或浪費掉的麵團。雖然無法像模型餅乾般有整齊漂亮的形狀，但正因爲略有不齊，而帶著令人感受到質樸的溫暖。分切的厚度不同，口感質地會隨之改變，也可說是這種製作方法才有的魅力。

我個人喜歡切成1cm厚的酥鬆口感；1.3cm的厚度，嚐起來的硬脆也十分美味。

製作美味紅茶餅乾的要領，就是使紅茶的風味和香氣同時並存。揉和在麵團中的茶葉，在麵團靜置於冷藏室時，風味會滲入擴及全體。但若只是這樣，無法產生香氣，這個部分就由紅茶利口酒來補足。因爲酒精有容易吸收香氣的特性，即使少量也能確實呈現出芬芳。

麵團若是做好冷凍保存，無論什麼時候都能享受到現烤餅乾的樂趣。確實包覆保鮮膜冷凍，使用前置於冷藏室略略解凍，就能分切出沒有破損的漂亮形狀了。

紅茶餅乾

◉材料

（厚1×直徑3.5cm 16片）

低筋麵粉（Ecriture） 190g

杏仁粉（去皮） 45g

奶油（發酵） 150g

糖粉 65g

牛奶 6g

紅茶茶葉（伯爵茶） 6g

紅茶利口酒（請參照p.91） 8g

◉預先準備

- 各別過篩低筋麵粉、杏仁粉、糖粉。
- 奶油、牛奶回復室溫。
- 以160℃預熱烤箱。

紅茶茶葉用磨粉機細細打碎。

在缽盆中放入低筋麵粉、杏仁粉和[1]，均勻混拌。

在另一個缽盆中放入奶油，用橡皮刮刀混拌成柔軟的乳霜狀。

在[3]當中加入糖粉，均勻地揉和混拌。

Memo 避免攪入空氣地混拌。沒有必要混拌至顏色發白。

將牛奶和紅茶利口酒加入[4]，混拌至全體融合。

將[2]加入[5]，彷彿切開般不攪拌地進行混合。

Memo 用橡皮刮刀細細地切拌使粉類融合。

將[6]整合成團後，用保鮮膜包覆，並以擀麵棍整形成2cm厚的四方形。靜置於冷藏室至少1個小時。

剝除保鮮膜，撒上手粉（高筋麵粉，用量外），用手掌根部按壓。

Memo 藉由按壓使麵團全體呈現均勻的硬度。

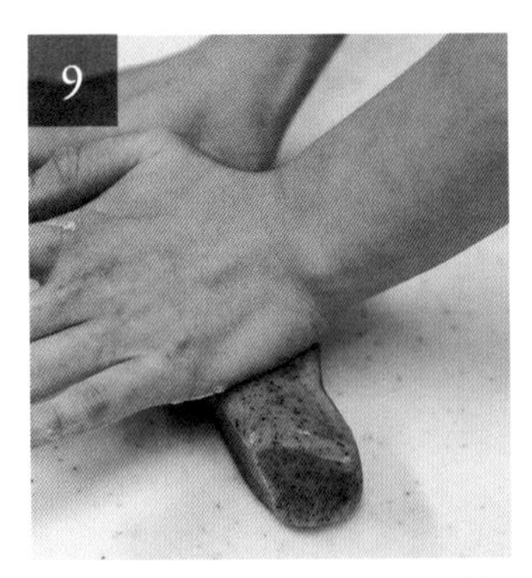

邊按壓邊將麵團由方形整形成圓柱狀。

Memo 要注意避免空氣進入。

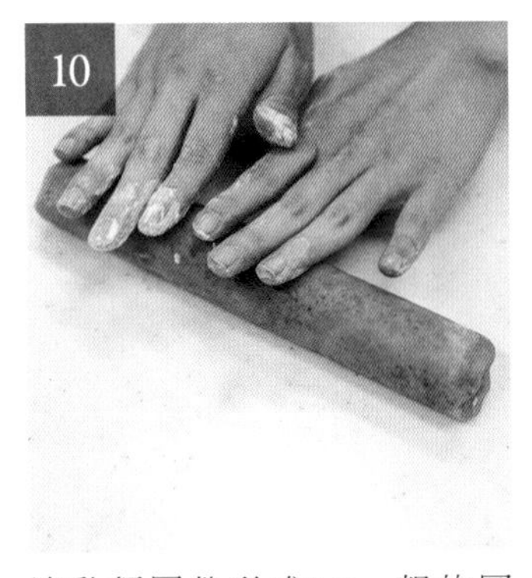

滾動麵團整形成3.5cm粗的圓柱狀。

Memo 迅速地整形最重要。過程中若麵團變軟，就先放入冷藏室冷卻凝固後再進行作業，感覺沾黏時可撒上手粉。

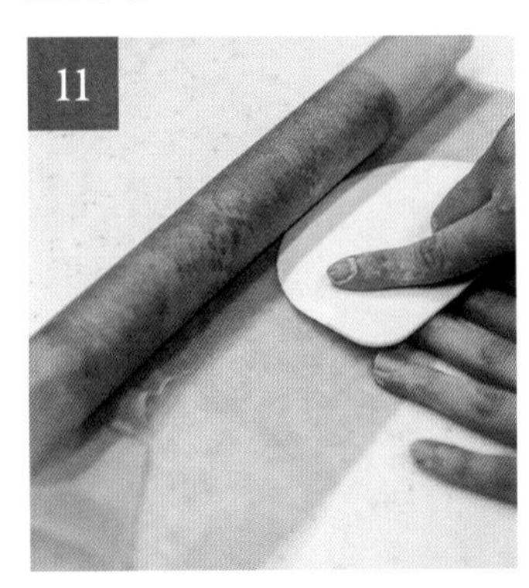

將麵團放在烤盤紙中央，將單側烤盤紙覆蓋在麵團上，在2層烤盤紙間用刮板將麵團推擠成漂亮的圓柱形。

直接用烤盤紙包捲，置於冷凍室20分鐘使其冷卻凝固。

Memo 在這個階段，可以冷凍保存。此時要用保鮮膜包覆，若是麵團過硬，在分切時容易破損，因此先放在冷藏室略略解凍再分切。

用刀子切去二端，再用尺標記1cm間距。

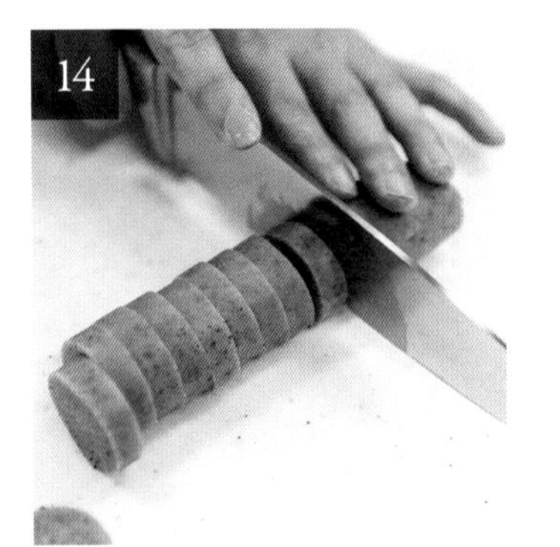

刀子依標記處切下。

Memo 刀刃不要前後拉動，而是由上朝下垂直切下。麵團變軟時，要放回冷藏室重新冷卻。一旦變軟，就無法切出正圓形的切面。

烤盤上舖矽膠墊，排放14。用160℃的烤箱烘烤約25分鐘。取出散熱降溫後，移至蛋糕冷卻架上放涼。

【冰箱餅乾的重點】

◆ 麵團靜置後，先按壓全體，迅速地整形成圓柱狀。麵團若硬度均勻，就可以無裂紋地完成整形。

花生巧克力餅乾

Peanut Chocolate Cookies

【冰箱餅乾】

是以美國的巧克力豆餅乾發想製作，有豐富配料的冰箱餅乾。因爲混入了花生醬，因此有酥脆易碎的口感。側面撒上細砂糖就像"diamond"鑽石般。

◉材料

（厚1×直徑3.5cm　13～14片）
低筋麵粉（Ecriture）　190g
杏仁粉（去皮）　45g
奶油（無鹽）　130g
花生醬（粗粒 chunk type）　45g
糖粉　65g
鹽　2g
牛奶　15g
花生（切成粗粒）　15g
南瓜子（切成粗粒）　5g
巧克力豆　30g
蛋白　適量
細砂糖　適量

◉預先準備

・各別過篩低筋麵粉、杏仁粉、糖粉。
・奶油、花生醬回復室溫。
・以160℃預熱烤箱。

◉製作方法

1 在缽盆中放入低筋麵粉、杏仁粉和鹽，均勻混拌。
2 在另一個缽盆中放入奶油，用橡皮刮刀攪拌成柔軟的乳霜狀，加入糖粉，均勻地揉和混拌。
3 將牛奶和花生醬加入2，每次加入都混拌至均勻。
4 將花生、南瓜子加入3，混拌至全體融合。
5 在4中加入1，彷彿切開般不攪拌地進行混合。
6 與p.22、23的7～11相同。

Memo 因配料較多，最初不易整形，可以用手揉和至全體軟硬度均勻後，再滾動整形成圓柱狀。

7 用烤盤紙包捲，置於冷凍室20分鐘使其冷卻凝固。
8 由烤盤紙中取出麵團，以毛刷將攪散的蛋白刷塗在麵團的表面（a）。
9 將細砂糖舖在方型淺盤上，放入8滾動使表面確實沾裹（b）。放入冷凍室冷卻約20分鐘。
10 用刀子切去二端，再用尺規標示1.3cm間距，切出每片1.3cm的厚度。
11 烤盤上放矽膠墊，排放10。用160℃的烤箱烘烤約25分鐘。取出散熱降溫後，移至蛋糕冷卻架上放涼。

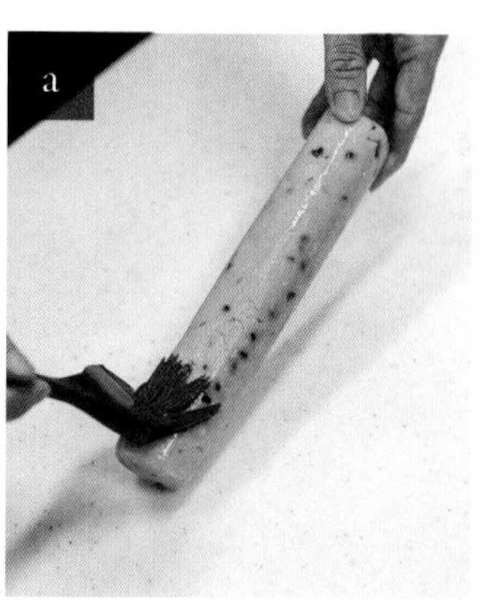
a

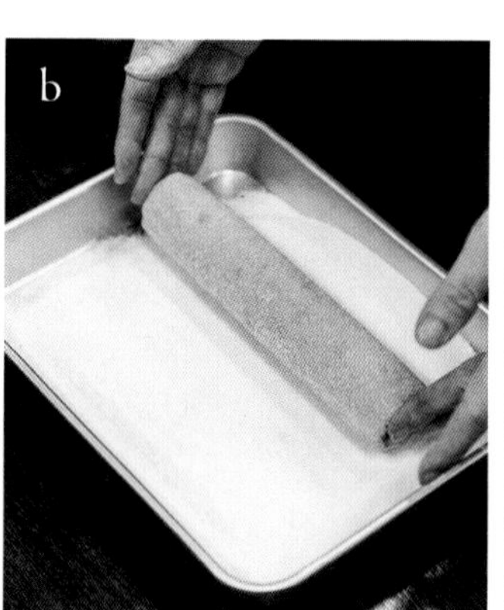
b

肉桂核桃餅乾

Cinnamon Walnut Cookies

【冰箱餅乾】

直接享用就十分美味的肉桂風味焦糖核桃，大量揉和至麵團中。香脆的口感搭配上隱約微苦的焦糖風味，就是提味的關鍵。焦糖堅果（Carameliser），建議用杏仁果等個人喜好的堅果來製作，也可當作零食或佐酒小點。

◉材料

（厚1.3×直徑3.5cm 14片）

低筋麵粉（Ecriture） 190g
杏仁粉（去皮） 50g
奶油（發酵） 150g
糖粉 80g
牛奶 15g

焦糖核桃（取其中70g使用）

- 核桃 100g
- 焦糖
  - 細砂糖 70g
  - 鹽 1g
  - 水 30g
- 奶油 10g
  - 細砂糖 10g
  - 肉桂粉 10g

◉預先準備

- 核桃以150℃烤箱烘烤20分鐘，置於室溫下冷卻，切成粗粒。
- 各別過篩低筋麵粉、杏仁粉、糖粉。
- 奶油、牛奶回復室溫。
- 以160℃預熱烤箱。

◉製作方法

製作焦糖核桃。

1 在鍋中放入焦糖的材料，用略強的中火加熱至即將成爲焦糖色的程度。

2 加入核桃（a），離火，用木杓持續混拌。

3 待糖漿結晶化成覆蓋表面的白色粉末後（b），再繼續用略強的中火加熱，並持續混拌。

4 待恢復成具光澤的焦糖狀態後，離火，加入奶油，混拌至全體均勻沾裹（c）。

5 在方型淺盤上薄薄攤開放涼。混合細砂糖和肉桂粉，撒在放涼後的核桃上，全體均勻混拌。

製作餅乾麵團。

6 在缽盆中放入奶油，用橡皮刮刀攪拌成柔軟的乳霜狀，加入糖粉，均勻地揉和混拌，加入牛奶混合拌勻。

7 低筋麵粉和杏仁粉混合後，加入6中，彷彿切開般不攪拌地進行混合。在粉類完全拌勻前，加入5混拌。

8 與p.22、23的7～12相同。

9 用刀子切去二端，再用尺規標示1.3cm間距，切出1.3cm的厚度。

10 烤盤上放矽膠墊，排放9。用160℃的烤箱烘烤約25分鐘。取出散熱降溫後，移至蛋糕冷卻架上放涼。

a

b

c

法式巧克力餅乾

Chocolate Cookies

【擠花餅乾】

用擠花嘴擠出，相對於扁平狀的餅乾，雖然需要多花一點時間，但本身具有表情，即使個頭較小也很有存在感。流線般的曲線，時而可愛時而優雅，同時能讓享用者樂在其中。豐富美麗的外觀，會因擠花嘴和擠的方式不同而有大幅度的變化，是形狀最自由的餅乾。

黑色、古典優雅、玫瑰形狀的餅乾，微苦可可粉烘托出深層的風味。因為麵團使用大量奶油，因此即使餅乾較小，還是有濃郁的滋味，只要嚐1、2個就十分有滿足感。正中央放上處理過的開心果，不但可以變化品嚐時的口感，也能在單一的黑色中呈現不同的色彩變化。

擠花餅乾麵團的特徵，是膨鬆柔軟。這是因為在混合奶油與砂糖時，確實用手持電動攪拌機攪拌，使材料飽含空氣而形成的。堅硬緊縮的麵團，無法擠出漂亮的形狀。

以麵團狀態保存時，在方型淺盤內舖放烤盤紙，擠成喜歡的形狀後冷凍，待凝固再移至保存容器冷凍。想吃時，可在冷凍狀態下直接烘烤，即可享受到美好的滋味。

法式巧克力餅乾

◉材料

（直徑4cm 36個）
低筋麵粉 210g
可可粉 28g
奶油（無鹽） 200g
蛋白（攪散） 52g
糖粉 85g
開心果（切碎） 適量

◉預先準備

- 各別過篩低筋麵粉、可可粉、糖粉。
- 奶油、蛋白回復室溫。
- 以160℃預熱烤箱。

在缽盆中放入奶油，用橡皮刮刀混拌成柔軟的乳霜狀。

在1當中加入糖粉、鹽，確實攪拌至膨脹顏色發白。

加入蛋白，攪拌至均勻。

Memo 蛋白務必要攪散蛋筋，沒有攪散時，會影響到麵團的硬度，而變得難擠。

加入低筋麵粉和可可粉，用橡皮刮刀彷彿切開般不攪拌地進行混合。混拌完成時是膨鬆且柔軟的狀態。

Memo 用刮刀細細地切拌使粉類融合。

將麵團放入裝有直徑7mm星形擠花嘴的擠花袋內。

Memo 用刮板將麵團推至靠近擠花嘴，會比較容易擠。不要填入過多麵團，麵團過多擠時也會成為手部的負擔。

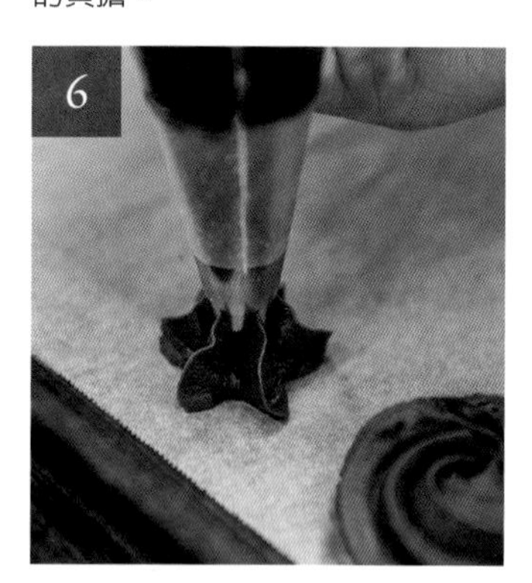

烤盤上放矽膠墊，擠出麵團。首先垂直向下擠出少量。

Memo 在寒冷季節時，可以先用300W的微波爐略略加熱後再擠（過度溫熱會使奶油融化）。

【擠花餅乾的重點】

◆ 最重要的就是擠的方法。擠出麵團時的訣竅，①最早作爲底部的麵團要垂直擠。②保持擠花嘴的高度，在底部麵團周圍以順時鐘方向擠出一圈。③流暢的動作，自然地擠好。先擠底部並保持擠花嘴的高度，正是要謹記在心的重點，多練習幾次就能學會。

延續6，將擠出的麵團繞一週成圈狀，擠花嘴迅速地朝左提起切斷麵團。

Memo 6、7在過程中不切斷麵團，一氣呵成地迅速擠好。

在正中央各別放上少量的開心果碎。用160℃的烤箱烘烤約25分鐘，取出散熱降溫後，移至蛋糕冷卻架上放涼。

起司餅乾

Cheese Cookies

【擠花餅乾】

混入大量起司粉的甜鹹風味餅乾。香甜濃郁的奶油風味，加上起司的酸味、美味和鹹味，是後韻十足的絕妙好滋味。

◉材料

（40個）

低筋麵粉　105g

起司粉　25g

奶油（無鹽）　95g

蛋白（攪散）　15g

糖粉　40g

鹽　1g

◉預先準備

・各別過篩低筋麵粉、起司粉、糖粉。

・奶油、蛋白回復室溫。

・以160℃預熱烤箱。

◉製作方法

1　在缽盆中放入奶油，用手持電動攪拌機高速地攪打成乳霜狀。

2　加入混合的糖粉和鹽，確實攪打至膨鬆且顏色發白。

3　加入蛋白，攪拌至均勻。

4　加入低筋麵粉和起司粉，用橡皮刮刀彷彿切開般不攪拌地進行混合。混拌完成時是膨鬆且柔軟的狀態。

5　將麵團放入裝有直徑7mm星形擠花嘴的擠花袋內。

6　烤盤上放矽膠墊，擠出麵團。首先，朝前方擠約1cm（a），以此為底部在上方折返，朝自己的方向擠約2cm（b），並迅速地切斷麵團。

Memo　在過程中不切斷麵團，一氣呵成地迅速擠好。

7　用160℃的烤箱烘烤約22分鐘。取出散熱降溫後，移至蛋糕冷卻架上放涼。

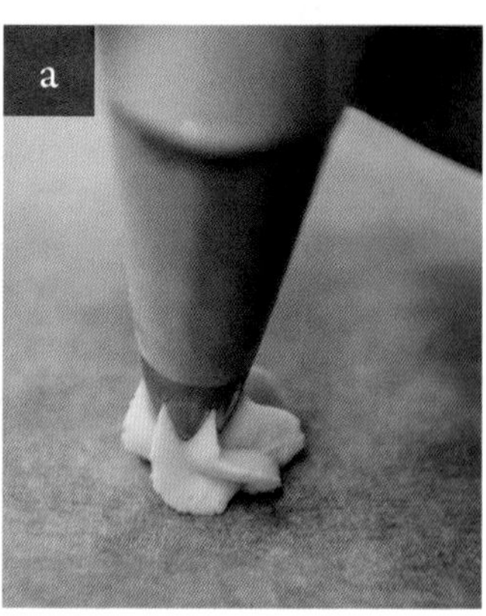

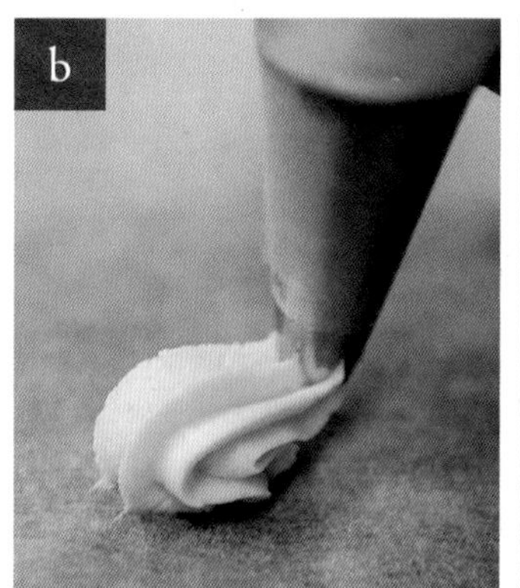

Column 1

盛裝容器就是糕點的舞台

糕點，其實飽含了製作者的各種想法。例如，初次製作時新鮮躍動的心情；習慣製作糕點時爲了更添美味而下的工夫；爲了誰特別製作的心情……。飽含了這些思緒的糕點，我將它們視爲"作品"。

每塊都帶著不同表情的作品，都有適合搭配的容器，容器的選擇與糕點的製作同等重要。盛裝在容器的糕點，可以說就像是不斷重覆練習後，站上發表舞台的演奏家一樣。請務必爲了這些糕點，準備最棒的舞台。單純搭配不同的容器，就能完全改變糕點給人的印象。

菓子屋SHINONOME的烘烤點心，法式風格的馬德蓮或餅乾、英式風格的司康或酥餅、美式風格的穀麥、義式風格的馬卡龍等各個種類，不限範圍地製作出想要呈現的糕點，容器亦然。很多是西歐的古董，但其中也有日本或韓國等亞洲容器，店內的裝飾有韓國李氏王朝的花瓶、日本木彫等擺設，不分種類地擺放自己喜歡的器物。容器的選擇重點，要能烘托出糕點的美味且各自漂亮的呈現，更進一步考量風味與形狀的相適性而選用，有時也會利用容器襯托出糕點的形狀。

無論是我或是店內工作人員，甚至是客人都對容器的使用以及盛盤方式深感興趣。大家藉由菓子屋SHINONOME的糕點，享受選擇容器與盛盤的樂趣，更令人無比喜悅，同時也讓我因此收獲良多。

＊古董容器是從古董市場、
古物商的線上商店（http://mememe-brocante.com）等購得。

抹茶雪球 草莓雪球

Green Tea Boule de Neige and Strawberry Boule de Neige

”雪球“這個名稱，指的是圓滾滾的一口餅乾。加入大量杏仁粉的麵團，沾裹抹茶或草莓風味，在口中香酥鬆脆的輕盈口感，就是其魅力所在。

◉材料

（各30個）

【抹茶雪球】

低筋麵粉　130g
杏仁粉（去皮）　45g
奶油（無鹽）　90g
糖粉　40g
抹茶（粉狀）　9g

【草莓雪球】

低筋麵粉（Ecriture）　140g
杏仁粉（去皮）　45g
奶油（發酵）　90g
糖粉　50g
草莓顆粒（請參照p.91）　15g

◉預先準備（共同）

- 各別過篩低筋麵粉、杏仁粉、糖粉、抹茶粉。
- 奶油回復室溫。
- 以160℃預熱烤箱。

◉抹茶雪球的製作方法

1　在缽盆中放入奶油，用攪拌器攪打成乳霜狀。

2　加入糖粉，確實打發至顏色發白。

3　混合低筋麵粉、杏仁粉、抹茶粉並加入，用橡皮刮刀彷彿切開般不攪拌地進行混合。

4　整合成團後用保鮮膜包覆，用擀麵棍整形成厚2cm的四方形。靜置於冷藏室至少20分鐘。

5　用刀子切成2cm寬的長方條狀，再切成10g的方塊狀（a）。

6　用指尖按壓方塊狀的尖角（b）。抹去尖角後，在掌心搓揉使其成爲圓球狀（c）。

7　用160℃的烤箱烘烤約15～20分鐘。取出散熱降溫後，移至蛋糕冷卻架上放涼。

◉草莓雪球的製作方法

1　與抹茶雪球的1、2相同。

2　混合低筋麵粉、杏仁粉並加入，用橡皮刮刀彷彿切開般不攪拌地進行混合。在粉類完全拌勻前，加入草莓顆粒，完全混合拌勻。

3　與抹茶雪球的步驟4～7相同。

a

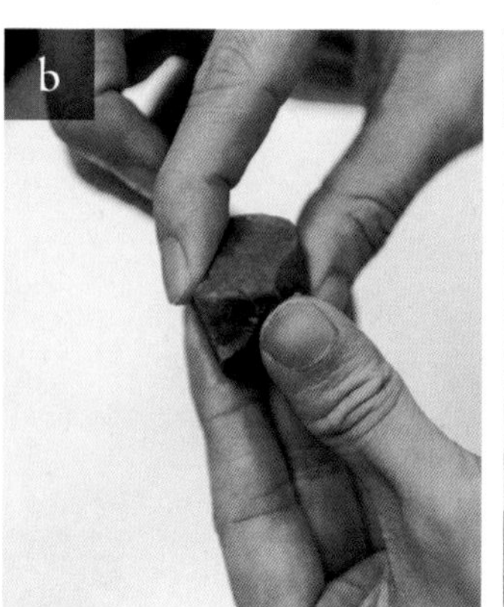

b

c

黃豆粉雪球

Kinako Boule de Neige

黃豆粉風味的麵團中，混入烤香的杏仁片，增添變化了口感及風味。應該可以讓人確實感受到黃豆粉和堅果的絕妙搭配。請配著茶一起享用。

◉材料

（30個）

低筋麵粉　120g
杏仁粉（去皮）　45g
奶油（發酵）　90g
糖粉　50g
黃豆粉　20g
杏仁片　20g

◉預先準備（共同）

- 杏仁片用150℃的烤箱烘烤20分鐘，置於室溫下冷卻。
- 各別過篩低筋麵粉、杏仁粉、糖粉、黃豆粉。
- 奶油回復室溫。
- 以160℃預熱烤箱。

◉製作方法

1. 在缽盆中放入奶油，用攪拌器攪打成乳霜狀。
2. 加入糖粉，確實打發至顏色發白。
3. 混合低筋麵粉、杏仁粉、黃豆粉加入，用橡皮刮刀彷彿切開般不攪拌地進行混合。在粉類完全拌勻前，加杏仁片，完全混合拌勻。
4. 整合成團後以保鮮膜包覆，用擀麵棍整形成厚2cm的四方形。靜置於冷藏室至少20分鐘。
5. 用刀子切成2cm寬的長方條狀，再切成10g的方塊狀。
6. 用指尖按壓方塊狀的尖角。抹去尖角後，在掌心搓揉使其成爲圓球狀。
7. 用160℃的烤箱烘烤約15～20分鐘。取出散熱降溫後，移至蛋糕冷卻架上放涼。

佛羅倫汀焦糖杏仁餅乾

Florentins

添加了全麥粉，風味具深度的厚實餅乾麵團，再倒上一層杏仁牛軋糖烘烤。正因其厚實，烘烤完成後不會堅硬而是酥香鬆散的口感，令人愉悅。與濃郁杏仁牛軋糖的搭配更是最佳組合。

◉材料

（21×10cm的方框模1個）

餅乾麵團

低筋麵粉　70g
全麥粉　20g
杏仁粉（去皮）　20g
奶油（發酵）　60g
全蛋（攪散）　10g
糖粉　40g

杏仁牛軋糖

杏仁片　30g

奶油（發酵）　15g
細砂糖　13g
鹽　1g
蜂蜜　10g
鮮奶油（乳脂肪成分35%）　15g

◉預先準備

- 杏仁片用150℃的烤箱烘烤20分鐘，置於室溫下冷卻。
- 各別過篩低筋麵粉、全麥粉、杏仁粉、糖粉。
- 奶油、雞蛋回復室溫。
- 以180℃預熱烤箱。

◉製作方法

製作餅乾麵團。

1　在缽盆中放入奶油，用橡皮刮刀揉和攪拌成乳霜狀。加入糖粉，均勻混拌。

2　雞蛋分二次加入，每次加入後都確實混拌使其乳化。

3　混合低筋麵粉、全麥粉、杏仁粉並加入，彷彿切開般不攪拌地進行混合。

4　整合麵團後用保鮮膜包覆，以擀麵棍擀壓至某個程度後，使用厚度尺擀壓成1cm厚，可用方框模按壓的大小。靜置於冷藏室至少20分鐘。

5　用21×10cm的方框模壓切麵團，連同方框模放置在舖有烤盤紙的烤盤上，用叉子在表面刺出很多孔洞。

6　用180℃的烤箱烘烤約20分鐘後，取出（a）。

製作杏仁牛軋糖。

7　鍋中放入除了杏仁片之外的所有材料，用中火加熱。煮至噗滋噗滋沸騰、產生濃稠後，熄火。

8　加入杏仁片，用橡皮刮刀避免攪碎地輕柔混拌（b）。

完成。

9　將8趁熱倒在6上，均勻在表面推開（c）。

10　放入以170預熱的烤箱中烘烤約45分鐘。待表面呈現焦糖色時，即已完成。

Memo　因材料較厚，因此烘烤時間較長。過程中需要數次調整烤盤方向，以防烘烤不均。

11　立即脫去方框模（d），趁熱時使用鋸齒刀前後動作，分切成喜好的形狀。放在蛋糕冷卻架上放涼。

胡桃餅乾

Pecan Nut Blocks

麵團當中加入大量發酵奶油，香且鬆脆，還有紅糖濃郁的風味。樸實且不膩口，任誰都會喜歡，更是菓子屋SHINONOME工作人員們的最愛，最適合搭配黑咖啡。

◉材料

（9×3cm 14塊）
低筋麵粉　220g
玉米粉　30g
杏仁粉（去皮）　35g
奶油（發酵）　200g
蛋黃　1個
紅糖（請參照p.91）　150g
鹽　2.5g
牛奶　10g
胡桃　120g

◉預先準備

- 胡桃用150℃的烤箱烘烤20分鐘，置於室溫下冷卻。
- 各別過篩低筋麵粉、玉米粉、杏仁粉、紅糖。
- 奶油、蛋黃、牛奶回復室溫。
- 以180℃預熱烤箱。

◉製作方法

1. 胡桃用食物調理機攪打成留有小塊的碎粒。
2. 在缽盆中放入奶油，用橡皮刮刀揉和攪拌成乳霜狀。加入紅糖，均勻混拌。
3. 將雞蛋和牛奶加入2，確實混拌使其乳化。
4. 混合低筋麵粉、玉米粉、杏仁粉和鹽，加入3，彷彿切開般不攪拌地進行混合。
5. 在粉類完全消失前，加入1的胡桃碎完成混拌。
6. 整合麵團後用保鮮膜包覆，以擀麵棍擀壓至某個程度後，使用厚度尺擀壓成1.5cm厚。靜置於冷藏室至少20分鐘。
7. 用9×3cm的方框模壓切麵團，排放在舖有烤盤紙的烤盤上。
8. 在方框模內側刷塗奶油（用量外）（a），套入麵團（b）。

Memo 因為是柔軟的麵團，若不使用方框模直接烘烤，無法保持形狀。

9. 用180℃的烤箱烘烤約25分鐘。取出散熱降溫後，移至蛋糕冷卻架上放涼。

b

a

布列塔尼酥餅

Gallettes Bretonnes

直接就能品嚐到發酵奶油的美味，隱約帶著鹹味的餅乾。因為混入了水煮蛋黃，口感酥鬆。表面刷塗的蛋液中混拌咖啡濃縮精萃，並不是為了增添風味，而是為了更能夠呈現光澤度。表面的3道條紋是我個人喜愛的山之印象。

◉材料

（直徑6cm　10塊）
低筋麵粉（Ecriture）　150g
玉米粉　25g
奶油（發酵）　190g
水煮蛋黃　5g
糖粉　45g
鹽　2.5g

光澤用蛋液

- 蛋黃　2個
- 咖啡濃縮精萃（5倍濃縮，請參照p.91）　2g
- 牛奶　5g

◉預先準備

- 各別過篩低筋麵粉、玉米粉、糖粉。
- 奶油回復室溫。
- 以170℃預熱烤箱。

◉製作方法

1　水煮蛋黃用網篩過濾（a）。

2　在缽盆中放入奶油，用橡皮刮刀揉和攪拌成乳霜狀。加入糖粉，均勻混拌，再加入1混合拌勻。

Memo 加入水煮蛋黃，會使口感更加酥鬆。

3　混合低筋麵粉、玉米粉和鹽加入，彷彿切開般不攪拌地進行混合。

Memo 相對於粉類，奶油的用量較多，因此麵團十分柔軟。

4　整合麵團後用保鮮膜包覆，以擀麵棍擀壓至某個程度後，使用厚度尺擀壓成1.5cm厚。靜置於冷藏室至少1小時。

5　用直徑5.5cm的圓形壓模按壓麵團，排放在舖有烤盤紙的烤盤上。

6　混合光澤用蛋液的材料，用刷子刷塗在麵團表面。乾燥後再刷塗一次（b）。

7　用竹籤在表面描繪出3道波紋（c）。

8　套上直徑6cm的圓形框模（d），用170℃的烤箱烘烤約45分鐘。取出散熱降溫後，移至蛋糕冷卻架上放涼。

Memo 因麵團較厚，因此烘烤時間較長。過程中需要數次調整烤盤方向，以防烘烤不均。烘烤完成的厚度參考標準約是2cm。

Maple nuts granola
グラノーラ・ショコラ
グラノーラ・ほうじ茶
Biscotti
Scone

茉莉花茶磅蛋糕

Jasmine Tea Pound Cake

【糖油法】

在菓子屋SHINONOME，磅蛋糕的製作方法有二種。一種是奶油和砂糖攪打至膨鬆柔軟，顏色發白的糖油法，接近海綿蛋糕，口感柔軟。另一種是混拌入融化奶油的方式，是紮實細密的口感。

這款茉莉花茶磅蛋糕，是以糖油法來製作。麵糊基本材料的低筋麵粉、奶油、雞蛋、砂糖，幾乎是相同的比例。

這樣的配方以糖油法來製作時，雞蛋會產生分離的狀況。爲了防止這種狀況發生，最重要的就是雞蛋要確實放置回復室溫。雞蛋在冰冷狀態下使用時，會使奶油冷卻緊縮，造成分離。並且，氣溫較低的季節，可以將雞蛋先隔水加熱至人體肌膚溫度。若產生分離時，可以添加少量粉類，就容易混拌。略有分離的狀況，在與粉類結合時若能順利融合，就不會是問題。

這款蛋糕，混入了茉莉花茶的茶葉粉末，完成時再搭配用茶葉熬煮的糖漿。入口一嚐就能感覺到茶香風味在口中擴散。

茉莉花茶磅蛋糕

◉ 材料

（20×6.5×高8cm的磅蛋糕模1個）

低筋麵粉　130g

泡打粉　3g

奶油（無鹽）　140g

全蛋（攪散）　130g

細砂糖　130g

牛奶　15g

茉莉花茶的茶葉　7g

茉莉花茶糖漿（取其中適量使用*）

- 水　100g
- 細砂糖　30g
- 茉莉花茶的茶葉　10g

*其餘的用量可於冷藏室保存一週。也能兌入水或牛奶製成飲品。

◉ 預先準備

- 過篩低筋麵粉。
- 奶油、雞蛋回復室溫（冬季時隔水溫熱至人體肌膚溫度）。
- 在模型中舖放烤盤紙。
- 以180℃預熱烤箱。

麵糊用的茉莉花茶茶葉用磨粉機細細打碎。

在缽盆中放入低筋麵粉、泡打粉、1，混拌至均勻。

在別的缽盆中放入奶油，用手持電動攪拌機高速攪成乳霜狀。

在3中加入細砂糖，確實攪打至柔軟顏色發白爲止。

Memo 持續攪拌至細砂糖的顆粒感消失為止。

雞蛋分3次加入，每次加入後都攪拌至均勻融合，使其成爲乳霜狀。

Memo 隨著雞蛋的加入，麵糊會變得沉重。若有分離狀況時，可以加入1～2大匙的2，進行調整。

在5中加入牛奶，使其融合。

在6中加入2，用橡皮刮刀彷彿切開般不攪拌地進行混合，混拌至產生光澤時即已完成。

Memo 像切開麵糊般地將刮刀直立插入，使用刮刀的平面將底部的材料舀起般，翻起覆蓋至表面。

用橡皮刮刀舀起[7]，放入預備好的模型中。

Memo 材料確實融合的麵糊，就會如照片般的具有光澤。

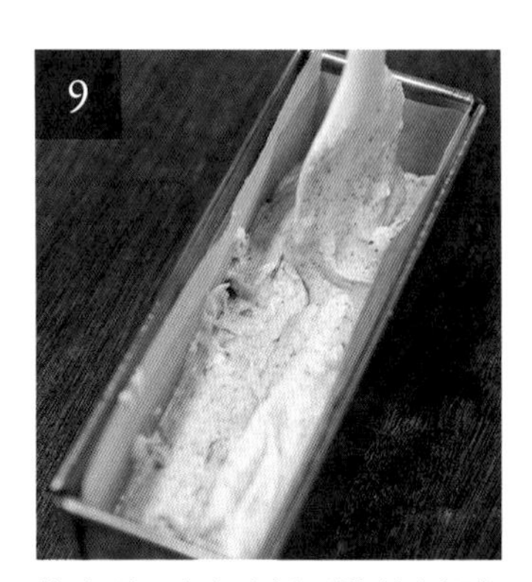

橡皮刮刀直立地插至模型底部上下敲打，使麵糊能均勻遍布模型角落。

平整麵糊表面。將麵糊兩端推高至接近模型邊緣，中央處較低呈現弧狀。

Memo 烘烤後中央會大幅膨脹，也會不易受熱，因此預先做成中央較低的形狀。

擺放至烤盤上，用180℃的烤箱烘烤約12分鐘。待烘烤至表面凝固後，取出，在正中央劃入淺淺的1道割紋，再烘烤約30分鐘。

製作茉莉花糖漿。在鍋中放入水和細砂糖，加熱至沸騰，熄火放入茉莉花茶的茶葉，立刻蓋上蓋子燜3～5分鐘。待茶葉泡開後，在茶葉釋出澀味前用茶葉濾網濾出茶汁。

Memo 依茶葉的種類，浸泡的時間也會隨之不同。球狀的茶葉則是以泡至半開為原則。茶葉一旦用力擠壓會釋出苦味，因此自然地過濾即可。隨著時間，香氣也會變淡，所以在烘烤完成前才製作。

取出完成烘烤的蛋糕，立刻將模型底部在工作檯上輕敲，排出蒸氣，脫模後剝除烤盤紙，擺放在蛋糕冷卻架上，趁熱用毛刷將[12]大量刷塗在蛋糕的表面及側面，使糖漿滲入。

相較於烤好當天，隔天或再隔二天，會更加潤澤入味。

栗子咖啡磅蛋糕

Chestnut and Coffee Pound Cake

【糖油法】

咖啡風味的麵糊中，加入糖煮帶皮栗子和糖漬栗子烘烤。充滿秋意的馨香棕色調，滲入滿滿蘭姆酒的酒香。將栗子換成巧克力也很美味。

◉材料

（20×6.5×高8cm的磅蛋糕模1個）
低筋麵粉　130g
泡打粉　3g
奶油（發酵）　120g
全蛋（攪散）　120g
細砂糖　100g
咖啡濃縮精萃（5倍濃縮，請參照p.91）　12g
蘭姆酒　10g
糖漬栗子（marron glacé切成粗粒）　50g
糖煮帶皮栗子（切成4等分）　60g

完成時使用

蘭姆酒　30g
水　15g

◉預先準備

- 過篩低筋麵粉。
- 奶油、雞蛋回復室溫（冬季時隔水溫熱至人體肌膚溫度）。
- 在模型中舖放烤盤紙。
- 以180℃預熱烤箱。

◉製作方法

1. 在缽盆中放入奶油，用手持電動攪拌機高速攪成乳霜狀。
2. 加入細砂糖，確實攪打至柔軟顏色發白爲止（a）。
3. 雞蛋分3次加入，每次加入後都攪拌至均勻融合，使其成爲乳霜狀（b）。
4. 均勻混合低筋麵粉、泡打粉，放入3，用橡皮刮刀彷彿切開般不攪拌地進行混合。在粉類完全消失前，加入咖啡濃縮精萃和蘭姆酒、糖漬栗子，確實混拌至產生光澤。
5. 放入預備好的模型中，用橡皮刮刀直立地插至模型底部上下敲打，使麵糊能均勻遍布模型角落。
6. 輕輕地埋放糖煮帶皮栗子。平整麵糊表面。將麵糊兩端推高至接近模型邊緣，中央處較低的呈現弧狀。
7. 擺放至烤盤上，用180℃的烤箱烘烤約12分鐘。待烘烤至表面凝固後，取出，在正中央劃入淺淺的1道割紋，再烘烤約30分鐘。
8. 取出完成烘烤的蛋糕，立刻將模型底部在工作檯上輕敲，排出蒸氣，脫模後剝除烤盤紙，擺放在蛋糕冷卻架上。
9. 混合完成時使用的蘭姆酒和水，趁熱用毛刷大量刷塗在蛋糕的表面及側面，使酒滲入。直接放至降溫。

a

b

草莓白巧克力磅蛋糕

Strawberry and White Chocolate Pound Cake

【糖油法】

由草莓牛奶所發想。原味麵糊與草莓麵糊混拌成大理石狀，以白巧克力澆淋的表層如積雪般覆蓋。紮實的甜味、潤澤的口感，很受到小朋友顧客們的喜愛。

◉材料

（20×6.5×高8cm的磅蛋糕模1個）

低筋麵粉　140g

泡打粉　3g

奶油（無鹽）　140g

全蛋（攪散）　110g

細砂糖　110g

鹽　0.5g

草莓果泥（請參照p.91）　40g

冷凍覆盆子　20g

澆淋用白巧克力　100g

覆盆子顆粒（請參照p.91）　適量

◉預先準備

- 過篩低筋麵粉。
- 奶油、雞蛋回復室溫（冬季時隔水溫熱至人體肌膚溫度）。
- 混合草莓果泥與冷凍覆盆子，回復室溫。
- 在模型中舖放烤盤紙。
- 以180℃預熱烤箱。

◉製作方法

1. 在缽盆中放入奶油，用手持電動攪拌機高速攪成乳霜狀。
2. 加入細砂糖，確實攪打至柔軟顏色發白爲止。
3. 雞蛋分3次加入，每次加入後都攪拌至均勻融合，使其成爲乳霜狀。
4. 加入均勻混合的低筋麵粉、泡打粉和鹽，用橡皮刮刀彷彿切開般不攪拌地進行混合。確實混拌至產生光澤。
5. 將1/3的麵糊加入混合備用的草莓果泥與冷凍覆盆子中，以切拌的方式混合。
6. 交替地倒入4和5至預備好的模型中，層疊成5層（a）。
7. 用橡皮刮刀直立地插至模型底部上下敲打，使麵糊能均勻遍布模型角落，同時也使麵糊呈現大理石紋。
8. 平整麵糊表面。將麵糊兩端推高至接近模型邊緣，中央處較低的呈現弧狀。
9. 擺放至烤盤上，用180℃的烤箱烘烤約12分鐘。待烘烤至表面凝固後，取出，在正中央劃入淺淺的1道割紋，再烘烤約30分鐘。
10. 取出完成烘烤的蛋糕，立刻將模型底部在工作檯上輕敲，排出蒸氣，脫模後剝除烤盤紙，擺放在蛋糕冷卻架上。
11. 隔水加熱融化澆淋用白巧克力後，淋在冷卻的蛋糕上。巧克力凝固前，裝飾上覆盆子顆粒。

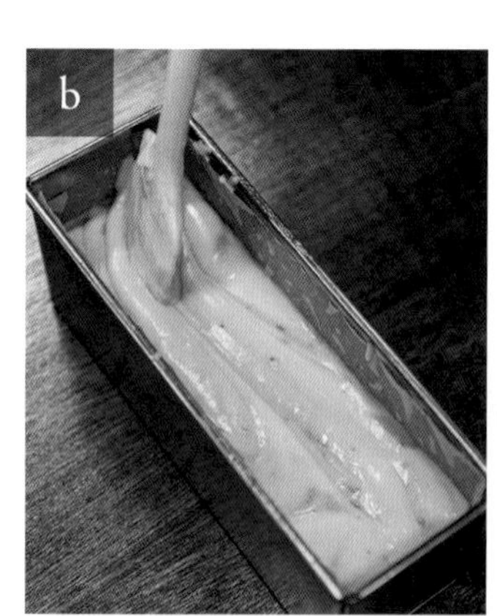

b

a

薰衣草洋甘菊蛋糕

Lavender and Chamomile Cake

【糖油法】

含有蜂蜜的潤澤麵糊中，加入極少量花茶用的乾燥薰衣草和洋甘菊一起烘烤。白巧克力的香甜餘韻下，隱約飄散著有層次的淡淡花香。

◉材料

（20×6.5×高8cm的磅蛋糕模1個）

低筋麵粉　140g

泡打粉　3g

奶油（無鹽）　140g

全蛋（攪散）　140g

細砂糖　110g

冷凍柳橙皮碎（請參照p.91）　5g

蜂蜜　10g

牛奶　10g

薰衣草（乾燥、請參照p.91）　1g

洋甘菊（乾燥、請參照p.91）　1g

澆淋用白巧克力　100g

◉預先準備

・過篩低筋麵粉。

・奶油、雞蛋回復室溫（冬季時隔水溫熱至人體肌膚溫度）。

・在模型中舖放烤盤紙。

・以180℃預熱烤箱。

◉製作方法

1 除去薰衣草的莖和葉，連同洋甘菊一起用磨粉機稍微打碎。

2 在缽盆中放入低筋麵粉、泡打粉和1，均勻混拌。

3 在另一個缽盆中放入奶油，用手持電動攪拌機高速攪成乳霜狀。

4 在3中加入細砂糖，確實攪打至柔軟、顏色發白為止。

5 依序在4中加入冷凍柳橙皮碎、蜂蜜、牛奶，每次加入後都攪拌至均勻融合。

6 雞蛋分3次加入5中，每次加入後都攪拌至均勻融合，使其成為乳霜狀。

7 在6中加入2，用橡皮刮刀彷彿切開般不攪拌地進行混合。確實混拌至產生光澤即完成麵糊的混拌。

8 倒入預備好的模型中，用橡皮刮刀直立地插至模型底部上下敲打，使麵糊能均勻遍布模型角落。

9 平整麵糊表面。將麵糊兩端推高至接近邊緣，中央處較低的呈現弧狀。

10 擺放至烤盤上，用180℃的烤箱烘烤約12分鐘。待烘烤至表面凝固後，取出，在正中央劃入淺淺的1道割紋，再烘烤約30分鐘。

11 取出完成烘烤的蛋糕，立刻將模型底部在工作檯上輕敲，排出蒸氣，脫模後剝除烤盤紙，擺放在蛋糕冷卻架上。

12 隔水加熱融化澆淋用白巧克力後，淋在冷卻的蛋糕上。巧克力凝固前，裝飾上洋甘菊（乾燥、用量外）。

無花果焦糖蛋糕

Fig and Caramel Cake

【融化奶油法】

焦化奶油和焦糖醬，將麵糊染成深褐色。
焦糖醬的焦化程度可視個人喜好調整。
若喜歡微苦，則可以試著焦化至最大程度。佐以打發鮮奶油一起享用。

◉材料

（20×6.5×高8cm的磅蛋糕模1個）
低筋麵粉　120g
泡打粉　3g
奶油（無鹽）　100g
全蛋（攪散）　100g
細砂糖　85g
焦糖漿（取其中85g使用）
- 細砂糖　75g
- 鹽　1g
- 水　15g
- 鮮奶油（乳脂肪成分35%）　50g

蘭姆酒漬無花果*
（切成方便食用的大小）　50g
*乾燥無花果前一晚先用蘭姆酒浸漬。

◉預先準備

- 過篩低筋麵粉。
- 奶油、雞蛋回復室溫（冬季時隔水溫熱至人體肌膚溫度）。
- 鮮奶油回復室溫。
- 在模型中舖放烤盤紙。
- 以180℃預熱烤箱。

◉製作方法

1　製作焦化奶油。在鍋中放入奶油，用略強的中火加熱。稍待片刻煮至噗咕噗咕冒出大氣泡後，會慢慢變成像小的啤酒氣泡般。待奶油變成茶褐色，散發香氣後，立刻移往缽盆，冷卻至40～45℃（a）。

2　製作焦糖。在鍋中放入細砂糖、鹽、水，用略強的中火加熱。待變成深褐色後，熄火，分3次藉由木杓加入鮮奶油（b），每次加入都混拌至融合。

Memo　鮮奶油一旦加入就會降低溫度，可避免持續焦化。鮮奶油放置回復常溫後，添加時也不會飛濺。

3　在缽盆中放入雞蛋，用攪拌器攪散，加入細砂糖，摩擦般混拌使其溶化。

Memo　不需要攪拌至膨鬆打發，只要細砂糖溶化即可。

4　在3中加入2，混拌至融合。

5　均勻混拌低筋麵粉和泡打粉，加入4，用攪拌器攪拌至粉類消失為止。

6　40～45℃的1，分3次加入，每次加入後都攪拌至融合。

7　放入預備好的模型中，用橡皮刮刀直立地插至模型底部上下敲打，使麵糊能均勻遍布模型角落。

8　輕輕地埋放蘭姆酒浸漬的無花果，平整麵糊表面。

9　擺放至烤盤上，用180℃的烤箱烘烤約12分鐘。待烘烤至表面凝固後，取出，在正中央劃入淺淺的1道割紋，再烘烤約30分鐘。

10　取出完成烘烤的蛋糕，立刻將模型底部在工作檯上輕敲，排出蒸氣，脫模後剝除烤盤紙，擺放在蛋糕冷卻架上降溫散熱。

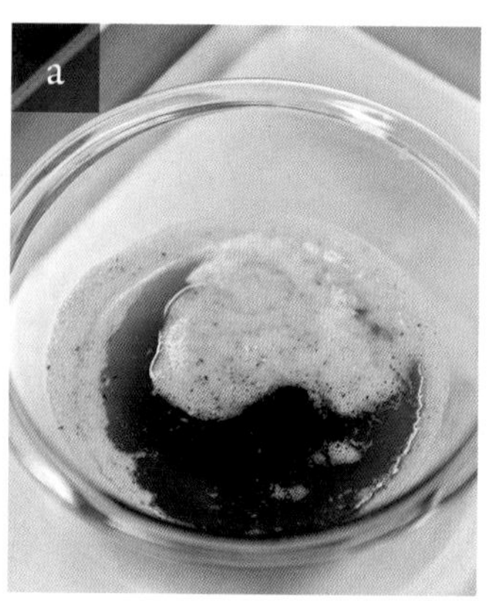
a

b

檸檬蛋糕

Lemon Cake

【融化奶油法】

檸檬清爽的酸味，有層次地搭配酸奶油的柔和酸香，利用融化奶油法製作出細緻潤澤的成品。糖霜避免過甜地薄薄澆淋，建議冷卻後享用。

◉材料

(20×6.5×高8cm的磅蛋糕模1個)

低筋麵粉　140g

泡打粉　3g

奶油(發酵)　100g

酸奶油　70g

全蛋(攪散)　140g

細砂糖　140g

檸檬皮碎(磨削)　1/2個

檸檬汁*　30g

糖霜

檸檬汁　20g

牛奶　10g

糖粉　150g

開心果(切碎)　適量

*現榨的也很好，但想要有更強烈的酸味時，可以使用市售的檸檬汁。

◉預先準備

- 過篩低筋麵粉、糖粉。
- 酸奶油、雞蛋回復室溫(冬季時隔水溫熱至人體肌膚溫度)。
- 在模型中舖放烤盤紙。
- 以180℃預熱烤箱。

◉製作方法

1. 在鍋中放入奶油，用略強的中火加熱融化，保持在40～45℃。
2. 在缽盆中放入酸奶油，用橡皮刮刀攪拌至柔軟，加入磨削的檸檬皮碎混拌。
3. 在另一個缽盆中放入雞蛋，用攪拌器攪散，加入細砂糖，摩擦般混拌使其溶化。
4. 在2中加入3，混拌至融合。
5. 均勻混拌低筋麵粉和泡打粉，加入4，用攪拌器混拌至粉類消失為止。
6. 在1中拌入檸檬汁，保持在40℃，分3次加入5中，每次加入後都攪拌至融合。
7. 放入預備好的模型中，用橡皮刮刀直立地插至模型底部上下敲打，使麵糊能均勻遍布模型角落。
8. 擺放至烤盤上，用180℃的烤箱烘烤約12分鐘。待烘烤至表面凝固後，取出，在正中央劃入淺淺的1道割紋，再烘烤約30分鐘。
9. 製作糖霜。在缽盆中放入材料，用橡皮刮刀混拌至呈現濃稠狀。
10. 取出完成烘烤的8，立刻將模型底部在工作檯上輕敲，排出蒸氣，脫模後剝除烤盤紙，擺放在蛋糕冷卻架上至完全冷卻。
11. 將9澆淋在完全冷卻的蛋糕上(a)，凝固前裝飾上開心果碎(b)。

Memo 也可以將蛋糕倒扣浸入糖霜中。

12. 待表面糖霜乾燥後，放入以200℃預熱的烤箱1分鐘再取出。就會呈現出脆口、凝固又具透明感的表層。

a

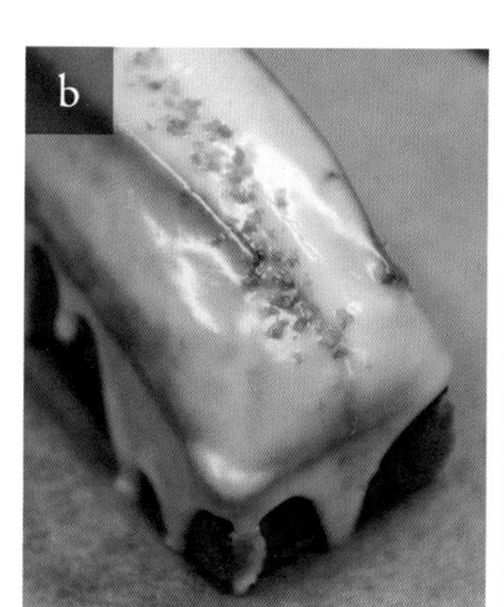
b

白蘭地蛋糕

Brandy Cake

【融化奶油法】

白蘭地深沈的香氣與柳橙豐富的香氣層疊，是紮實的成人風味。以不諳酒力的人都能享用為目標而製作的洋酒蛋糕。

◉材料

(20×6.5×高8cm的
磅蛋糕模1個)
低筋麵粉　140g
泡打粉　3g
奶油(發酵)　140g
全蛋(攪散)　110g
細砂糖　110g
白蘭地　30g
糖漬橙皮(切碎)　30g

白蘭地液

白蘭地　30g
水　15g

◉預先準備

- 過篩低筋麵粉。
- 雞蛋回復室溫(冬季時隔水溫熱至人體肌膚溫度)。
- 在模型中舖放烤盤紙。
- 以180℃預熱烤箱。

◉製作方法

1. 在鍋中放入奶油，用略強的中火加熱融化，保持在40～45℃。
2. 在缽盆中放入雞蛋，用攪拌器攪散，加入細砂糖，摩擦般混拌使其溶化。
3. 均勻混拌低筋麵粉和泡打粉，加入2，用攪拌器混合至粉類消失為止。
4. 加入白蘭地混拌至融合。
5. 在4中分3次加入保持在40～45℃的1，每次加入後都攪拌至融合。
6. 放入預備好的模型中，用橡皮刮刀直立地插至模型底部上下敲打，使麵糊能均勻遍布模型角落。
7. 輕輕埋放糖漬橙皮。
8. 擺放至烤盤上，用180℃的烤箱烘烤約12分鐘。待烘烤至表面凝固後，取出，在正中央劃入淺淺的1道割紋，再烘烤約30分鐘。
9. 製作白蘭地液。在小鍋中放入材料，沸騰3分鐘使酒精揮發。
10. 取出完成烘烤的8，立刻將模型底部在工作檯上輕敲，排出蒸氣，脫模後剝除烤盤紙，擺放在蛋糕冷卻架上至完全冷卻。
11. 趁蛋糕溫熱時，用毛刷將9大量刷塗在蛋糕的表面及側面上，使白蘭地液滲入蛋糕中。立刻用保鮮膜包覆，冷卻後冷藏。

Memo 建議在3～4天後再開始享用，每天可以感受到風味變化的樂趣。一週後酒精揮發，香氣更明顯，是最佳的享用時機。冷藏約可保存二週。

香蕉蛋糕【融化奶油法】

Banana Cake

香蕉風味中，層疊了紅茶、小荳蔻、薄荷的香氣，與一般常見的不同，是一款成熟風味的香蕉蛋糕。因爲配方中添加了全麥粉，以蛋糕來說並不是紮實的固結狀態，入口很容易崩散，接著各種食材的香氣也隨之飄散。

◉ **材料**

（20×6.5×高8cm的磅蛋糕模 1個）

低筋麵粉　100g
全麥粉　50g
泡打粉　3g
奶油（無鹽）　90g
全蛋（攪散）　60g
紅糖　120g
香蕉（全熟）　180g
紅茶茶葉（伯爵茶等個人喜好的種類）　2g
小荳蔻（粉）　1g
薄荷（乾燥、請參照 p.91）　0.7g
核桃　40g

◉ **預先準備**

- 核桃以150℃烤箱烘烤20分鐘，置於室溫下冷卻，切成粗粒。
- 過篩低筋麵粉、全麥粉。
- 雞蛋回復室溫（冬季時隔水溫熱至人體肌膚溫度）。
- 在模型中舖放烤盤紙。
- 以180℃預熱烤箱。

◉ **製作方法**

1. 紅茶茶葉、薄荷用磨粉機細細打碎，與小荳蔻粉混拌。
2. 香蕉用叉子等搗碎與1混拌。
3. 在鍋中放入奶油，用略強的中火加熱融化，保持在40～45℃。
4. 在缽盆中放入雞蛋，用攪拌器攪散，加入紅糖，攪拌至體積略有膨脹爲止。
5. 將2加入4中混拌至融合。
6. 均勻混拌低筋麵粉、全麥粉和泡打粉，加入5，用攪拌器混合至粉類消失爲止。
7. 保持在40～45℃的1分3次加入6，每次加入後都攪拌至融合。加入核桃大動作混拌。
8. 放入預備好的模型中，用橡皮刮刀直立地插至模型底部上下敲打，使麵糊能均勻遍布模型角落。
9. 擺放至烤盤上，用180℃的烤箱烘烤約12分鐘。待烘烤至表面凝固後，取出，在正中央劃入淺淺的1道割紋，再烘烤約35～40分鐘。
10. 取出，立刻將模型底部在工作檯上輕敲，排出蒸氣，脫模後剝除烤盤紙，擺放在蛋糕冷卻架上至放涼。

Column 2

烘烤點心的良好保存方法

相較於新鮮糕點，烘烤點心能美味享用的時間較長，也可以體會到每天不同風味變化的樂趣。本書的糕點，美味享用期幾乎都在常溫五天至一週，但磅蛋糕等水分較多的糕點，夏季建議冷藏保存。烘烤點心的新鮮度也很重要，因此請趁新鮮時享用。

●餅乾類

○餅乾，相較於剛完成烘烤時，靜置於室溫中一夜，更入味也更好吃。

○像佛羅倫汀焦糖杏仁餅乾或布列塔尼酥餅，剛烘烤完就很美味。

○餅乾類，很容易被認爲相較於其他的烘焙點心更能長期存放，但其實口感或香氣容易流失，相較於其他糕點，風味流失得更快。口感越是酥鬆香脆的餅乾更容易受潮，在散熱放涼後，立刻連同乾燥劑一起放入密閉容器內，可以保持美味一週（蛋白餅類也相同）。

○保存時，烘烤前的麵團用保鮮膜包覆，避免接觸空氣地放入冷凍。每次只要烘烤所需的部分，就能確保每次都是最佳風味。

●磅蛋糕

○常溫下五天～一週都能美味地享用。

○夏季冰涼享用時，蛋糕紮實潤澤，香氣、酸味、微苦等風味都會隨之增加。

○冷卻享用時，切得越薄入口時的口感越好，更能品嚐出美味。

○寒冷季節時，重新烤熱享用，也會增加口感和風味。用小烤箱烘烤加熱時，可烤成表面香脆的狀態，用300W的微波爐略微溫熱時，全體鬆軟得彷彿是剛烤完一般的狀態。

○保存時，用保鮮膜緊實密封地包覆（不要分切），避免接觸空氣地放入冷藏或冷凍。

●司康

○剛完成烘烤確實很美味，但完成烘烤時因過熱反而不容易感受到風味。待表面散熱，中央仍溫熱時，才是最佳享用時機。

○常溫下二～三天都是美味享用期，冷卻後用小烤箱加熱即可。中央較厚實的位置加熱約需10分鐘左右，但直接烘烤時會導致表面燒焦，可以用鋁箔紙上下包夾。

○保存時，用保鮮膜緊密地包覆每一個，避免接觸空氣地放入冷藏或冷凍。

○烘烤前的麵團保存，置於冷藏室可放置一夜。不建議保存更久或冷凍保存。麵團的層次會被壓實，即使烘烤後也不會膨脹。

原味司康

Plain Scones

司康，即使在烘烤點心的範圍裡，也是特別簡單的種類。不似餅乾般纖細，可以輕鬆的製作。

主要材料雖然是麵粉，但會依據使用的麵粉種類與配方，製作出完全不同的質地變化。一旦質地不同，當然風味及香氣的也會隨之改變，配方十分重要。

在我多方嚐試後，終於找出了低筋麵粉、高筋麵粉，以及全麥粉相同比例的食譜。低筋麵粉較多時會過軟，高筋麵粉過多時，表面又過於堅硬，過度混拌時，會變得像麵包一樣。各半的混合，可以呈現出表面香脆、中央柔軟，搭配得恰到好處的絕佳成品。混入全麥粉，烘烤後小麥的香氣更明顯，會呈現出更加質樸的風味。粗粒的胚芽口感也是獨特之處。整合麵團時，不要按壓使麵團固結，保持鬆散狀，比較能做出香酥鬆脆的口感。

經典地佐以果醬或凝脂奶油（clotted cream）當然很好吃，但牛奶醬也格外適合，也建議搭配打發鮮奶油和葛宏德的鹽（Guérande Salt）一起享用。

原味司康

◉ **材料**

（直徑5.5cm　6個）

- 低筋麵粉　100g
- 高筋麵粉　100g
- 全麥粉　100g
- 泡打粉　6g
- 紅糖　30g
- 鹽　2.5g

奶油（發酵）　90g

全蛋（攪散）　30g

牛奶　100g

蛋液（光澤用）　適量

◉ **預先準備**

・3種麵粉，搗散大的結塊（不用過篩）。夏季時放入冷藏室冷卻。

・奶油切成1cm方塊，放置冷藏充分冷卻。

・在缽盆中放入雞蛋和牛奶，均勻混拌後放入冷藏室備用。

・以200℃預熱烤箱。

在缽盆中放入完成預備作業的粉類、糖、鹽，均勻混合。

在1中放入奶油，使其沾裹粉類並用手指將其細細搓散。

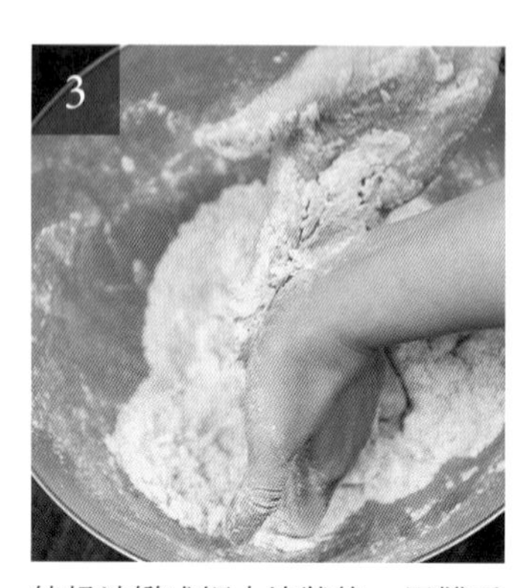

待奶油變成細小塊狀後，用雙手手掌互搓混合使其成爲粉狀。

Memo 奶油一旦融化就會沾黏，無法成為粉狀，所以迅速作業就是訣竅。

以手抓握時，可以維持住形狀的程度即可。

Memo 奶油變溫熱時，可以在過程中先放入冷藏室冷卻，再進行作業。

在成爲粉狀的材料中央做出凹槽，倒入預備好的雞蛋和牛奶。使用刮板將周圍的粉類推向中央，避免揉麵像切開般進行混拌。

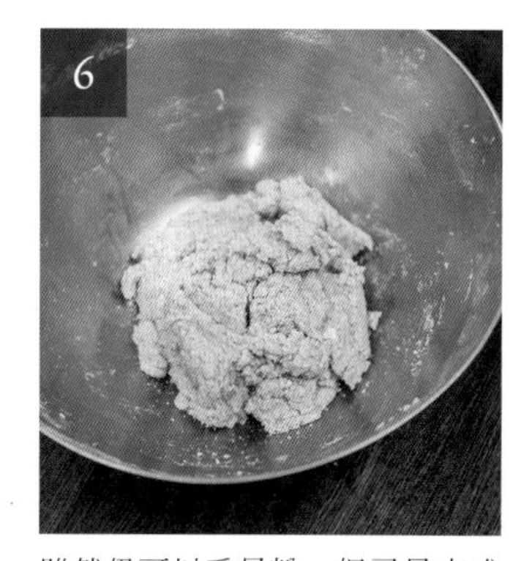

雖然仍可以看見粉，但已是完成混拌的狀態了，將麵粒略微集中成團。

Memo 不需按壓使其漂亮地整合團，鬆散狀即可。這樣的狀態較能做出酥鬆的口感。

攤開保鮮膜，將⑥放置於中央。

表面也覆蓋保鮮膜，用擀麵棍從上方按壓擀成2cm厚的橢圓形。

取下表面的保鮮膜，將麵團長的兩側各向中間折入1/3，形成3折疊。

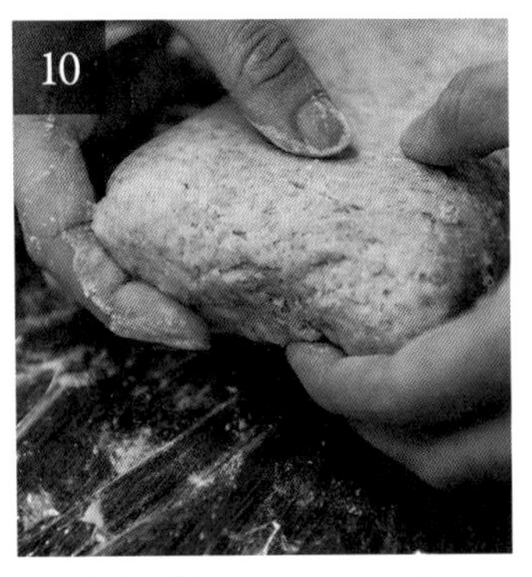

90度轉動麵團的方向，重覆⑧、⑨的步驟，再次進行3折疊。麵團翻面，將不平整的兩端朝內按壓，整形成四方形。這個方法可以讓麵團容易整合又不會耗損。

再次用保鮮膜包夾，兩側擺放2cm的厚度尺，擀壓成2cm厚。放入冷藏室靜置20分鐘。

Memo 厚2cm以上，烘烤時側面較容易產生裂紋。2.5cm就會有裂紋。

在直徑5.5cm的壓模內撒上手粉（高筋麵粉、用量外），按壓⑪。

Memo 剩餘的材料可以整合成團，再次擀壓成2cm厚，切模可依自己喜歡的大小選擇（酥鬆口感略差）。

在烤盤上舖放烤盤紙，排放⑫，用毛刷在表面刷塗蛋液。用200℃的烤箱烘烤約15分鐘，將溫度調降至180℃再烘烤8～10分鐘。擺放在蛋糕冷卻架上放涼。

用刀子分切時，先切去邊緣，再用尺標記出4.5cm的間距，切成4.5cm的正方形。

Memo 因為有切面，側面很容易有裂紋。

焙茶司康

Hojicha Scones

焙茶風味的麵團，用巧克力提味。為烘托出食材的香氣，不添加全麥粉。使用優質的茶葉，以及2款巧克力豆，就是重點。

◉材料

(4.5cm塊狀 6個)

- 高筋麵粉　145g
- 低筋麵粉　150g
- 泡打粉　6g
- 焙茶粉(請參照p.78)　7g
- 紅糖(請參照p.91)　45g
- 鹽　1g

奶油(發酵)　90g
全蛋(攪散)　30g
牛奶　110g
巧克力豆(黑、白)　共30g
蛋液(光澤用蛋液)　適量

◉預先準備

- 2種麵粉，搗散大的結塊(不用過篩)。夏季時放入冷藏室冷卻。
- 奶油切成1cm方塊，放置冷藏充分冷卻。
- 以200℃預熱烤箱。

◉製作方法

1 在缽盆中放入雞蛋和牛奶，均勻混拌後放入冷藏室備用。

2 在另外缽盆中放入完成預先準備的粉類、糖、鹽，均勻混合。

3 與p.70的2～5相同地混拌麵團，在仍殘留粉類時，加入巧克力豆混拌。

4 與p.70、71的6～11相同地整合麵團。

5 用刀子先切去麵團不平整的邊緣，再用尺標記出4.5cm的間距，切成4.5cm的正方形。

6 刷塗蛋液。用200℃的烤箱烘烤約15分鐘，180℃烘烤8～10分鐘，放涼。

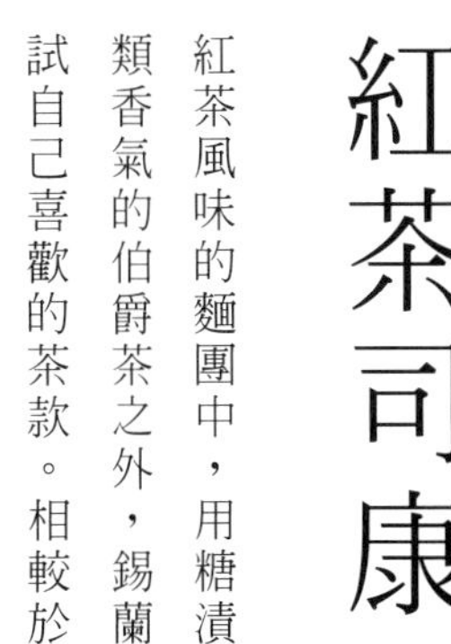

Tea Scones

紅茶司康

紅茶風味的麵團中，用糖漬橙皮來提味。紅茶除了柑橘類香氣的伯爵茶之外，錫蘭紅茶、阿薩姆等，也可以試試自己喜歡的茶款。相較於用切模按壓，刀具分切更不會有多出來的麵團浪費。

◉材料

（4.5cm塊狀 6個）

- 高筋麵粉　150g
- 低筋麵粉　150g
- 泡打粉　6g
- 紅糖（請參照 p.91）　50g
- 鹽　1g

紅茶茶葉（伯爵茶等依個人喜好）　6g

奶油（發酵）　90g

全蛋（攪散）　30g

牛奶　100g

糖漬橙皮（切碎）　30g

蛋液（光澤用蛋液）　適量

◉預先準備

- 2種麵粉，搗散大的結塊（不用過篩）。夏季時放入冷藏室冷卻。
- 奶油切成1cm方塊，放置冷藏充分冷卻。
- 以200℃預熱烤箱。

◉製作方法

1　紅茶茶葉用磨粉機細細打碎。

2　在缽盆中放入雞蛋和牛奶，均勻混拌後放入冷藏室備用。

3　在缽盆中放入完成預先準備的粉類、糖、鹽、①均勻混合。

4　與 p.70的②～⑤相同地混拌麵團，在仍有粉類殘留時，加入糖漬橙皮混拌。

5　與 p.70、71的⑥～⑪相同地整合麵團。

6　用刀子先切去麵團不平整的邊緣，再用尺標記出4.5cm的間距，切成4.5cm的正方形。

7　刷塗蛋液，用200℃的烤箱烘烤約15分鐘，180℃烘烤8～10分鐘，放涼。

奶油糖司康

Butterscotch Scones

用奶油糖"Butterscotch"風味的利口酒來增添香氣。表面擺放的是珍珠糖，烘烤後不會融化，硬脆的口感就是具特色的美妙滋味。

◉材料

（4.5cm塊狀 6個）

- 高筋麵粉 150g
- 低筋麵粉 150g
- 泡打粉 6g
- 奶油糖利口酒（請參照p.91） 40g
- 鹽 1g

奶油（發酵） 90g

全蛋（攪散） 30g

牛奶 75g

奶油糖利口酒（請參照p.91） 25g

珍珠糖 適量

蛋液（光澤用蛋液） 適量

◉預先準備

- 2種麵粉，搗散大的結塊（不用過篩）。夏季時放入冷藏室冷卻。
- 奶油切成1cm方塊，放置冷藏充分冷卻。
- 以200℃預熱烤箱。

◉製作方法

1 在缽盆中放入雞蛋、牛奶、奶油利口酒，均勻混拌後放入冷藏室備用。

2 在另一個缽盆中放入完成預先準備的粉類、糖、鹽，均勻混合。

3 與p.70的2～11相同地混拌麵團。

4 用刀子先切去麵團不平整的邊緣，再用尺標記出4.5cm的間距，切成4.5cm的正方形。

5 刷塗蛋液，撒上珍珠糖。用200℃的烤箱烘烤約15分鐘，180℃烘烤8～10分鐘，放涼。

栗子焦糖司康

Chestnut and Caramel Scones

薄薄硬脆的焦糖連同糖煮帶皮栗子一起混入麵團中。因爲是在焦糖凝固後才拌入麵團，所以不會融入全體，會在烤箱加熱時才融化，冷卻後也會有硬脆的口感。

◉ **材料**

（4.5cm塊狀 6個）

- 高筋麵粉 150g
- 低筋麵粉 150g
- 泡打粉 6g
- 紅糖（請參照 p.91） 30g
- 鹽 1g

奶油（發酵） 90g

全蛋（攪散） 30g

牛奶 100g

糖煮帶皮栗子（切成4等分） 30g

焦糖（取其中20g使用）

- 細砂糖 75g
- 水 15g

蛋液（光澤用蛋液） 適量

◉ **預先準備**

•2種麵粉，搗散大的結塊（不用過篩）。夏季時放入冷藏室冷卻。

•奶油切成1cm方塊，放置冷藏充分冷卻。

•以200℃預熱烤箱。

◉ **製作方法**

1 製作焦糖。在小鍋中放入細砂糖和水，用略強的中火加熱至焦化成焦褐色。離火後，加入少許的水（用量外）稀釋，立刻倒入舖有烤盤紙的方型淺盤上，薄薄地攤平。冷卻凝固後，切成適當的大小。

2 在缽盆中放入雞蛋和牛奶，均勻混拌後放入冷藏室備用。

3 在另一個缽盆中放入完成預先準備的粉類、糖、鹽，均勻混合。

4 與p.70的2～5相同地混拌麵團，在仍殘留少許粉類時，加入糖煮帶皮栗子和20g的1混拌。

5 與p.70、71的6～11相同地整合麵團。用刀子先切去麵團不平整的邊緣，再用尺標記出4.5cm的間距，切成4.5cm的正方形。

6 刷塗蛋液。用200℃的烤箱烘烤約15分鐘，180℃烘烤8～10分鐘，放涼。

Column 3

台灣茶文化與我的糕點

在我的故鄉台灣，自古以來就有飲茶的文化。

客人來訪，首先就是敬茶待客，在台灣沒有飲用冰水的習慣，因此在餐廳也一定會端上溫熱的茶水。依店家不同，有些地方甚至有3～4種茶可供選擇。

對我而言，記憶最深刻的是茉莉花茶。孩提時，經常一起玩耍的朋友家就有茉莉花樹，也摘過茉莉花。當時新鮮花朵強烈的香氣，至今仍是記憶鮮活。茉莉花茶清新舒爽，也很容易入口，餐廳也常以此待客，是每個人都熟悉親近的味道。

另一方面，鐵觀音或烏龍茶等風味較強烈的茶款，在年輕世代間，就像現在日本也造成風潮的珍珠奶茶一般，會搭配牛奶等製作成甜的飲品享用。

此外，在台灣，雖然也有使用茶葉的傳統糕點，但我的使用方法並非台灣的傳統手法，可以說是因爲自己的好奇心與想像力，而衍生出來的。

無論如何，茶的種類實在很多，各有其不同的特徵，因此要去探索糕點與茶葉的相適性，其實很困難，我深刻的感覺試著製作才是最有意思的事。

一般風味纖細的茶品，被認爲不適合運用在需要高溫加熱的烘烤點心，但也不需要劃地自限，接下來我還想要以自己的方式，挑戰各種各樣的組合搭配。

〈茶的種類與糕點的關係〉

茶的風味，基本上是由甘味、美味、澀味、苦味的4個味道構成的，但香氣，對糕點製作來說也扮演著重要的角色。香氣及味道的生成方式可以有各種呈現，例如使用具有特殊香氣的茶葉時，就能成爲令人印象深刻的糕點，使用有強烈風味的茶葉時，可以帶出其他食材的風味，或成爲提味的重點。

茶的風味，會因種類、狀態、萃取條件等而有很大的變化。我也嚐試將有助於糕點製作的茶葉基本資訊做了整合。希望能做爲大家製作糕點時的參考。

茶葉依發酵程度之分類

綠茶	白茶*4	黃茶*3	青茶*2	紅茶	黑茶*1
不發酵	低度發酵				高度發酵

＊1　以普洱茶等著名。
＊2　以凍頂烏龍茶、鐵觀音等著名。
＊3　以君山銀針、蒙頂黃芽等著名。
＊4　以銀針白毫、白牡丹等著名。

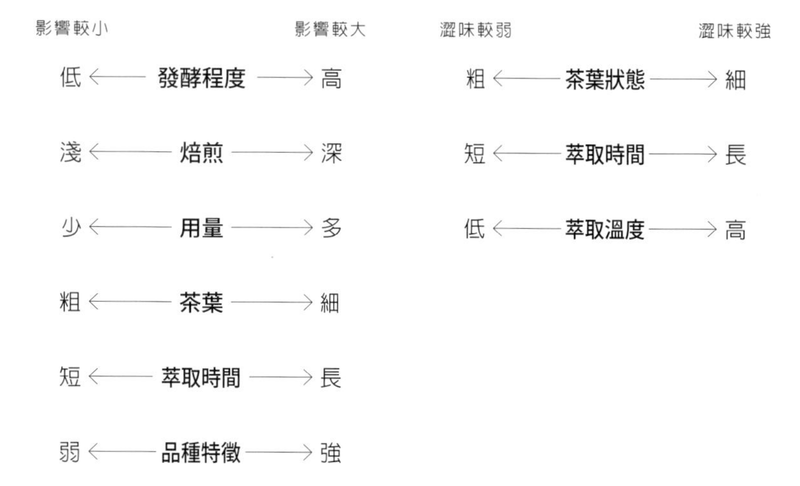

＜左側的茶葉種類＞

(由右列上方起)鐵觀音…青茶的代表，在台灣或中國，用於日常飲用／茉莉花茶…是綠茶中添加了茉莉花香的調味茶(Flavoured tea)之一。用於茉莉花茶磅蛋糕(p.48)／伯爵茶…以柑橘類的佛手柑香氣爲特徵的紅茶。用於紅茶餅乾(p.20)／黑烏龍茶…高發酵的烏龍茶。用於烏龍茶馬德蓮(p.6)。

(由中央列上方起)洋甘菊、薰衣草茶… 廣被飲用的花草茶。用於薰衣草洋甘菊蛋糕(p.56)／玄米茶…在日式綠茶或煎茶中添加了炒香的玄米製成的茶／調味茶「水鳥」…綠茶基底，混入芒果或佛手柑等風味的茶。

(由左列上方起)焙茶粉…日式綠茶用大火焙煎後的焙茶，製成粉末。用於焙茶司康(p.72)／金萱茶粉…青茶的一種，台灣烏龍茶的新品種。用於金萱茶脆餅(p.80)／薄荷茶…薄荷乾燥後製成的茶／調味茶「佛手柑 Bergamot」…由錫蘭產的烏瓦(Uva)等數種茶葉調合而成的紅茶。

堅果脆餅 金萱茶脆餅

Nut Biscotti and Green Tea Biscotti

爲避免麵團的口感過硬，在配方中增加了雞蛋。在堅果中混入全麥粉，再添加乾燥芒果的酸甜滋味。金萱茶是台灣烏龍茶的新品種，沒有澀味且散發著甜香，是最大特徵。

◉材料（各16塊）

【堅果脆餅】

高筋麵粉 100g
全麥粉 35g
泡打粉 4g
冷壓白芝麻油 10g
全蛋（打散） 55g
細砂糖 50g
杏仁果 15g
胡桃 15g
芒果乾（切成粗粒） 20g

【金萱茶脆餅】

高筋麵粉 55g
低筋麵粉 55g
泡打粉 4g
金萱茶粉*（請參照 p.78） 10g
冷壓白芝麻油 15g
全蛋（打散） 55g
細砂糖 60g
巧克力（白） 30g

*可用焙茶粉等個人喜好的茶粉替代。

◉預先準備（共同）

- 堅果以150℃烤箱烘烤20分鐘，置於室溫下冷卻，切成粗粒。
- 過篩低筋麵粉。雞蛋回復室溫。
- 以180℃預熱烤箱。

◉堅果脆餅的製作方法

1 在缽盆中放入雞蛋，用攪拌器打散，加入細砂糖，摩擦般混拌至溶化。

2 加入冷壓白芝麻油（a），混拌至融合。

3 加入切碎的杏仁果和胡桃、芒果，略略混拌。

4 混合高筋麵粉、全麥粉、泡打粉，加入3，用橡皮刮刀不攪和地進行混拌。至粉類消失即完成混拌（b）。

5 整合材料取出放在烤盤紙上，撒上手粉（高筋麵粉、用量外），用擀麵棍整形成厚1cm、長25×寬8cm的長方形（c）。

6 擺放在烤盤上，用180℃的烤箱烘烤約15分鐘，趁熱用鋸齒刀前後動作地切成寬1.5cm的長條狀（d）。

Memo 因餅乾十分柔軟，要避免折斷地小心分切。

7 排放在舖有烤盤紙的烤盤上，再以150℃的烤箱烘烤約45分鐘，使其乾燥。放在蛋糕冷卻架上冷卻。

◉金萱茶脆餅的製作方法

1 如上述的1、2相同的方法製作。

2 混合高筋麵粉、低筋麵粉、泡打粉和金萱茶粉，加入1，用橡皮刮刀不攪和地進行混拌，至粉類消失即完成混拌。

3 如上述5、6同樣地步驟。

4 將3排放在舖有烤盤紙的烤盤上，再以130℃的烤箱烘烤約45分鐘，使其乾燥。與上述7同樣地散熱冷卻。

Memo 避免烘烤上色，利用低溫使其乾燥。

Tea Meringues and Strawberry Meringues

茶風味蛋白餅 草莓蛋白餅

堅硬、爽脆，入口中就咻地融化，是很容易上癮的口感。用天然的草莓和茶來增添不同的滋味。茶風味蛋白餅，使用的是與日本煎茶很像的台灣文山包種茶。

◉材料

（茶風味約200個／草莓約35個）

【茶風味蛋白餅】

蛋白　100g
糖粉　125g+25g
文山包種茶粉*　7g
*可用綠茶粉替代。

【草莓蛋白餅】

蛋白　100g
砂糖　125g+25g
草莓粉（請參照 p.91）　8g
草莓顆粒（若有，請參照 p.91）
　適量

◉預先準備（共同）

- 蛋白放入缽盆中，連同缽盆一起放入冷藏室充分冷卻
- 各別過篩糖粉。
- 以100℃預熱烤箱。

◉茶風味蛋白餅的製作方法

1　新鮮蛋白十分有彈性，所以要攪散切斷彈性。

2　將125g的糖粉分成3等分，在1中添加1/3，用手持電動攪拌機高速攪打至產生大氣泡（a）。再加入1/3糖粉，攪拌成像啤酒般細小的氣泡（b）。加入剩餘的糖粉，攪打至沈重具光澤，尖角直立的打發狀態（c）。

Memo 至打發需要一點時間，要有耐心地持續攪打。

3　低速輕輕攪拌整合氣泡，加入25g糖粉和茶葉粉，迅速用橡皮刮刀粗略混拌至粉類消失。

4　將3放入裝有直徑10mm星形擠花嘴的擠花袋內。

5　在舖有烤盤紙的烤盤上小小地擠成洋蔥般的形狀（d）。

Memo 在材料消泡前迅速擠好。

6　用100℃的烤箱烘烤約90分鐘，使其乾燥。

Memo 因季節或烤箱品牌不同，烘烤的時間也會隨之改變。切開看看，中央已經乾燥就 OK 了。如果還有黏性，則還需要再烘烤。

7　直接取出散熱，與乾燥劑一同放入密閉容器內。

Memo 瞬間就會吸收濕氣，所以乾燥劑不可缺少。

◉草莓蛋白餅的製作方法

1　如上述的步驟1、2相同作法。在上述3中，加入草莓粉後進行相同步驟。

2　放入裝有直徑7mm星形擠花嘴的擠花袋內，在舖有烤盤紙的烤盤上小小地擠成圓圈狀。

3　裝飾上草莓顆粒，用100℃的烤箱烘烤約2小時，使其乾燥。直接取出散熱，與乾燥劑一同放入密閉容器內。

椰子馬卡龍

Coconut Macarons

蛋白混合椰子粉製成立方體的一口糕點。在此用黃豆粉和咖啡來增添風味，意外地黃豆粉與椰子非常搭，是一款吃不膩的樸實風味。

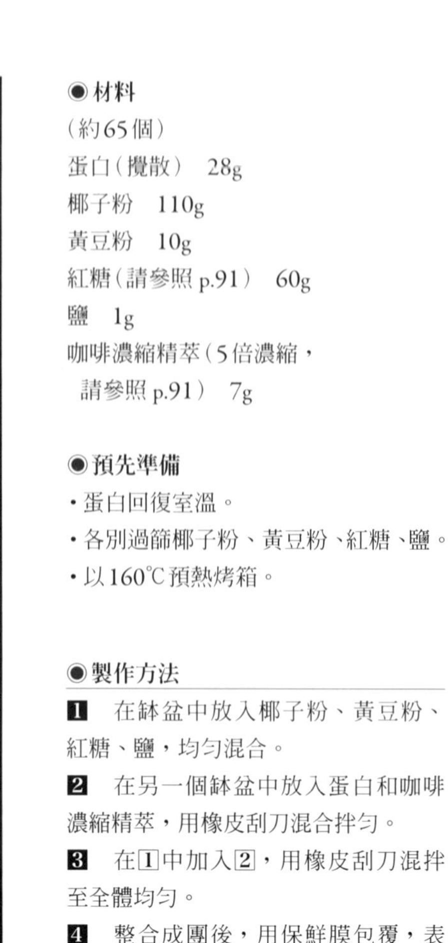

◉材料

（約65個）

蛋白（攪散）　28g

椰子粉　110g

黃豆粉　10g

紅糖（請參照p.91）　60g

鹽　1g

咖啡濃縮精萃（5倍濃縮，請參照p.91）　7g

◉預先準備

- 蛋白回復室溫。
- 各別過篩椰子粉、黃豆粉、紅糖、鹽。
- 以160℃預熱烤箱。

◉製作方法

1 在缽盆中放入椰子粉、黃豆粉、紅糖、鹽，均勻混合。

2 在另一個缽盆中放入蛋白和咖啡濃縮精萃，用橡皮刮刀混合拌勻。

3 在1中加入2，用橡皮刮刀混拌至全體均勻。

4 整合成團後，用保鮮膜包覆，表面用擀麵棍擀壓至某個程度後，使用厚度尺，擀壓成1cm厚的正方形。包覆保鮮膜放入冷凍室冷凍至變硬為止。

Memo 因為麵團沒有添加奶油，因此只冷藏無法變硬。冷凍至變硬後，才方便分切。

5 除去保鮮膜，用刀子切去不平整的邊緣，再用尺標記出1.5cm的間距，切成1.5cm的正方形(a)。

6 排放在舖有烤盤紙的烤盤上。用160℃的烤箱烘烤約15分鐘，降溫至140℃再烘烤約15分鐘。放置散熱降溫。

a

焙茶蘋果穀麥

Hojicha and Apple Granola

焙茶隱約的微苦和蘋果的酸甜，正是美妙的滋味所在。
因為控制了甜度，直接享用也很美味。
倒入牛奶略略放置後，溶出茶香，就變成焙茶拿鐵了。

◉材料

（方便製作的分量）

麥片　200g
全麥粉　60g
紅糖（請參照p.91）　30g
焙茶粉（請參照p.78）　25g

冷壓白芝麻油　30g
蜂蜜　65g
牛奶　40g

杏仁果　25g
南瓜子　10g
杏仁片　15g

蘋果乾　15g

◉預先準備

- 堅果以150℃烤箱烘烤20分鐘，置於室溫下冷卻，切成粗粒。
- 各別過篩全麥粉、紅糖、焙茶粉。
- 以150℃預熱烤箱。

◉製作方法

1　在缽盆中放入麥片、全麥粉、紅糖、焙茶，均勻混合。

2　在鍋中放入冷壓白芝麻油、蜂蜜、牛奶，加熱使整體融合。倒入1的缽盆，用橡皮刮刀混拌使全體均勻沾裹。

3　薄薄攤放在舖有烤盤紙的烤盤上。用150℃的烤箱烘烤約15分鐘，取出後，上下翻拌混合後，再烘烤15分鐘使其乾燥。

4　直接放置散熱降溫，加入堅果類和蘋果乾混合拌勻。

堅果無花果穀麥

Nut and Fig Granola

添加了3種堅果，充滿顆粒咬感的楓糖風味穀麥。雙重使用了楓糖漿和楓糖粉，所以有著像焦糖般的香甜滋味。

◉材料

（方便製作的分量）

- 麥片 200g
- 全麥粉 60g
- 楓糖粉（請參照p.91） 35g

- 冷壓白芝麻油 20g
- 楓糖漿 50g
- 蜂蜜 10g
- 牛奶 20g

- 杏仁片 15g
- 南瓜子 10g
- 胡桃 20g

乾燥無花果 15g

◉預先準備

・堅果以150℃烤箱烘烤20分鐘，置於室溫下冷卻。

・過以150℃預熱烤箱。

◉製作方法

1 在缽盆中放入麥片、全麥粉、楓糖粉，均勻混合。

2 在鍋中放入冷壓白芝麻油、楓糖漿、蜂蜜、牛奶，加熱使整體融合。倒入1的缽盆中，用橡皮刮刀混拌使全體均勻沾裹。

3 與p.86的步驟3一樣烘烤使其乾燥。

4 直接放置散熱降溫，加入堅果類和切成粗粒的乾燥無花果混合拌勻。

法式巧克力堅果穀麥

Chocolate and Nut Granola

用可可粉完成略帶微苦的巧克力風味穀麥。與牛奶混合後，就像是巧克力牛奶一般。寒冷時也可以搭配熱牛奶。香蕉片就是口味的亮點。

◉材料

（方便製作的分量）

- 麥片　200g
- 全麥粉　60g
- 可可粉　20g
- 紅糖（請參照p.91）　15g

- 冷壓白芝麻油　50g
- 蜂蜜　45g

- 杏仁片　15g
- 腰果　25g
- 南瓜子　10g

香蕉片（乾燥）　10g

巧克力豆　7g

◉預先準備

・堅果以150℃烤箱烘烤20分鐘，置於室溫下冷卻。

・以150℃預熱烤箱。

◉製作方法

1　在缽盆中放入麥片、全麥粉、可可粉、紅糖，均勻混合。

2　在鍋中放入冷壓白芝麻油、蜂蜜，加熱使整體融合。加入1的缽盆中，用橡皮刮刀混拌使全體均勻沾裹。

3　與p.86的步驟3一樣烘烤使其乾燥。

4　直接放置散熱降溫，加入堅果類、香蕉片、巧克力豆混合拌勻。

關於材料

〈基本材料〉

麵粉

本書中，使用低筋麵粉「特寶笠」、法國產麵粉100%的低筋麵粉「Ecriture」、高筋麵粉、全麥粉這4種。有時會有2～3種的組合，以製作出想要的口感（p.91有關於區分及替代使用的說明）。大多是過篩後使用。

奶油

發酵奶油的風味、香氣都十分濃郁，因此能製作出香濃的糕點。無鹽奶油的風味溫和，不會影響到其他食材的味道或香氣。回復室溫，融化、焦化、冷卻凝固等，會依糕點的需求而進行調整。

雞蛋

使用新鮮的雞蛋。本書當中使用的是L尺寸（除去蛋殼後約60g）。剛從冷藏室取出冰冷的雞蛋，很難與奶油等材料混拌，因此回復室溫是最基本的。蛋白餅用的蛋白，充分冷卻才能攪打出細緻的蛋白霜。

砂糖

不追求複雜風味時，細砂糖最方便。馬德蓮等想要有潤澤紮實口感的糕點，會使用細砂糖。糖粉容易與其他材料混拌，可以製作出入口即化的糕點。

鹽

使用法國葛宏德的鹽。粒子細小且易於溶解，除了用於鹹甜味的糕點之外，也用極少量來做爲提味，以烘托出其他食材的風味及甜味。

泡打粉

爲了使糕點膨脹的膨脹劑。使用的是無鋁的產品，藉由使用泡打粉，使麵團內產生細小的氣泡，呈現出更輕盈、良好的口感。用量過多時，會有粗糙的口感。

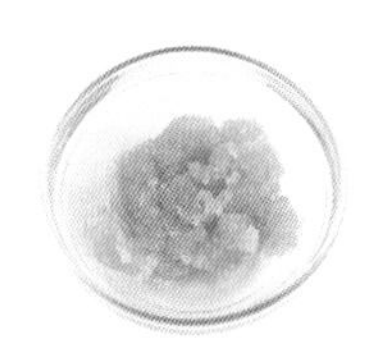

檸檬皮碎

用砂糖煮過的檸檬皮，切成細粒。在想要呈現出檸檬風味時，是非常好用的食材。檸檬皮(砂糖熬煮)切成丁也可以。用於檸檬薄荷餅乾(p.16)等。

薄荷(乾燥)

薄荷乾燥而成。有爽快的清涼感，乾燥的薄荷可以簡單的少量使用十分方便。用於檸檬薄荷餅乾(p.16)等。

紅糖

精製度較低的淡茶色砂糖。除了可以添加甜度之外，還能增進美味及濃郁，讓糕點呈現出質樸的風味。用於胡桃餅乾(p.42)等。

楓糖粉

楓類樹液粗製的楓糖漿，加工製作成粉狀。相較於楓糖漿，風味的呈現更溫和。用於楓糖餅乾(p.12)等。

草莓果泥

草莓中混入糖類，加工製作而成的滑順果泥狀產品。特徵是具有天然草莓的香氣。使用於草莓白巧克力磅蛋糕(p.54)。

草莓粉

草莓中混入糖類，冷凍乾燥加工製作而成的粉末，仍留有草莓的顏色。用於草莓蛋白餅(p.82)。

草莓顆粒

草莓的濃縮果汁中，添加砂糖、澱粉、麥芽糖等混合製作成的顆粒狀產品。使用於草莓雪球(p.36)。

覆盆子顆粒

覆盆子的濃縮果汁中，添加砂糖、澱粉、麥芽糖等混合製作成的顆粒狀產品。使用於草莓白巧克力磅蛋糕(p.54)。

冷凍柳橙皮碎

柳橙皮磨碎後急速冷凍製成。使用的是不用擔心塗蠟和防霉劑，法國Cap fruit公司的產品。使用於薰衣草洋甘菊蛋糕(p.56)等。

咖啡濃縮精萃

濃縮咖啡精。本書使用的是5倍濃縮的產品，也稱爲濃縮咖啡、咖啡精華等。用於栗子咖啡磅蛋糕(p.52)。

紅茶利口酒

用紅茶茶葉增添風味的利口酒。建議選擇使用優質茶葉，作成具有豐富香氣的產品。用於紅茶餅乾(p.20)。

奶油糖利口酒(butterscotch)

用焦糖與香料增添奶油焦糖般風味的利口酒，即使少量也有紮實的風味。用於奶油糖司康(p.74)。

麵粉的作用及使用區分

本書使用了4種麵粉(低筋麵粉、法國產麵粉100%低筋麵粉、高筋麵粉、全麥粉)。

麵粉是以蛋白質的含量來分類，從含量較少的開始，依序是低筋麵粉、準高筋麵粉、高筋麵粉。蛋白質含量越多，越容易形成麵筋組織，麵團的組織紮實固結，就越有口感。全麥粉因含有小麥的表皮及胚芽，所以風味更佳。

蛋白質的含量少，會有鬆軟口感的「特寶笠」，也可以用一般的低筋麵粉來取代。蛋白質含量略多，有香酥、鬆脆口感的「Ecriture」，會用於需要保持形狀的冰箱餅乾等。

想要呈現出小麥風味時，可以混合使用全麥麵粉。僅用全麥麵粉製作時，嚼感及口感都不好。例如，製作司康時，合併使用低筋麵粉和高筋麵粉，就能兼顧風味及口感的均衡了。

關於工具

〈基本工具〉

缽盆

視材料的用量區分使用大或小型的缽盆。混拌麵團（糊）時，使用較深較大的缽盆，粉類不易飛散會更方便進行作業。不鏽鋼製品結實又容易清理，耐熱玻璃製品則可以放入微波加熱。

攪拌器

混合、攪拌、融合材料時使用。依據材料用量，可以區分使用大或小尺寸的攪拌器。混拌具有黏性的材料時，避免使用鋼絲數量過多的攪拌器，可以更容易混拌，也較不會產生材料結塊，黏著在攪拌器內側的情況。

手持電動攪拌機

電動打發攪拌器。依照用途可以區分使用低速或高速，相較於徒手打發材料，可以更短時間攪打出更細緻的氣泡，非常方便。想要製作膨鬆綿軟的磅蛋糕或蛋白餅時，必要的工具。

粉篩、網篩

用於過篩麵粉、杏仁粉、砂糖等粉類、瀝乾材料湯汁、過濾茶葉、過篩水煮蛋黃等，用途十分廣泛。完成時，篩撒糖粉用小茶葉濾網會更方便。

橡皮刮刀、木杓

橡皮刮刀，是用在避免攪打入空氣、粗略混拌，或是避免破壞氣泡混拌。在鍋中邊加熱邊混拌時，不用擔心會有成分溶出的木杓會更安心。

烤盤紙

使麵團不易沾黏的加工耐熱紙。舖放在烤模或烤盤上，方便糕點脫模。冰箱餅乾整型時也會用到。

擀麵棍

用於整合餅乾麵團的厚度，或薄薄擀壓麵團時。在擀麵棍和麵團上都撒上手粉（高筋麵粉），可以避免沾黏更容易擀，做出更漂亮的麵團。

〈本書中經常使用的工具〉

矽膠墊（Silpan）

舖放在烤盤上的網狀矽膠墊。麵團中多餘的油脂可藉由網目滴落，讓烘烤的糕點更加輕盈爽口。清洗後可重覆使用。

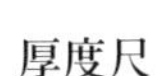

厚度尺

將麵團擀壓成均勻厚度時使用。置於麵團的兩側，由上方滾動擀麵棍使麵團呈現均勻的厚度，漂亮地完成糕點製作。

尺規

用於將材料分切成一定尺寸大小。置於材料上，用刀子做出標記，正確地進行分切，使糕點的完成更加美觀。

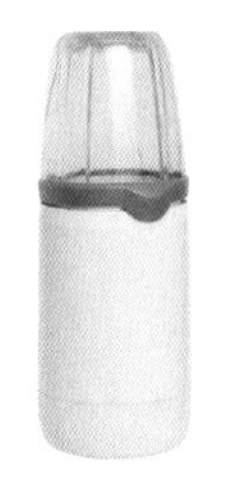

磨粉機（Milcer）

將茶葉或堅果細細打成粉時使用。若沒有磨粉機，也可用研磨缽研磨後過篩使用。

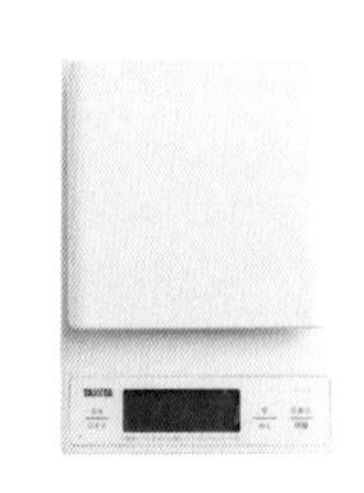

廚房用電子秤

量秤是糕點製作的基本。正確計量材料，與糕點風味及形狀息息相關。液體材料，與其用容量來計算，毋寧以重量計會更精準。建議使用可以量測0.1g單位的秤。

〈本書使用的模型種類〉

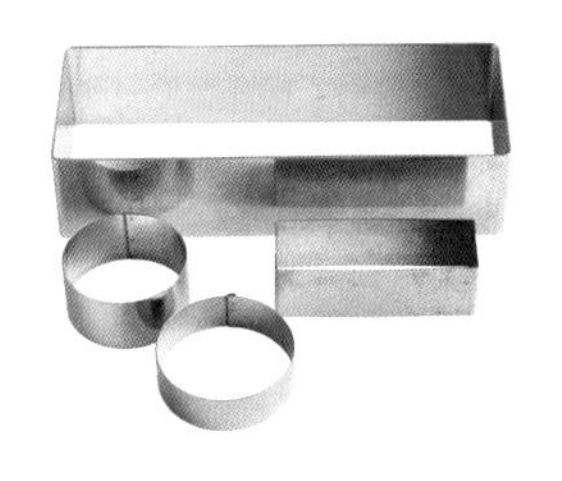

框模

長方形框模，用於佛羅倫汀焦糖杏仁餅乾（p.40）（尺寸長21×寬10×高5cm）。小的長方形框模，用於胡桃餅乾（p.42）（尺寸長9×寬、高各3cm）。圓形框模直徑6cm，用於布列塔尼酥餅（p.44）、直徑5.5cm則是用於原味司康（p.68）等。全部都是不鏽鋼製品。

餅乾模

右・用於楓糖餅乾（p.12）（尺寸長5×寬7cm）。前・用於檸檬薄荷餅乾（p.16）（尺寸長5.5×寬7.5cm）。左・用於蔓越莓奶油酥餅（p.18）直徑4cm的菊形模。全部都是不鏽鋼製品。

磅蛋糕模

製作磅蛋糕（p.48～65）時使用的模型。長20×寬6.5×高8cm大小的馬口鐵製品。舖放烤盤紙後使用。

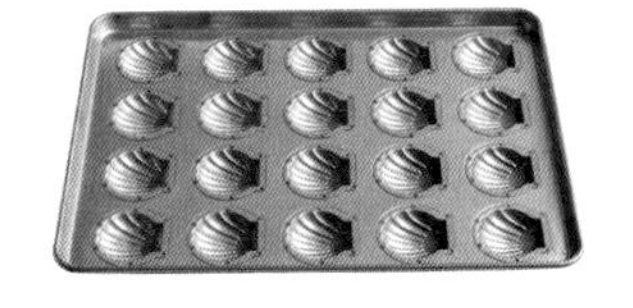

馬德蓮模

烏龍茶馬德蓮（p.6）中使用的扇貝形烤盤。全體尺寸是545×395mm，每個內部尺寸是67×68×深20mm（千代田金屬工業製造），是馬口鐵的矽膠樹脂加工製品。使用時會先刷塗奶油、撒上麵粉。

星形擠花嘴
Open Star Tips

直徑10mm的擠花嘴，用於茶風味蛋白餅（p.82）。不鏽鋼製品。

星形擠花嘴

直徑7mm的擠花嘴，用於法式巧克力餅乾（p.28）、起司餅乾（p.32）、草莓蛋白餅（p.82）。不鏽鋼製品。

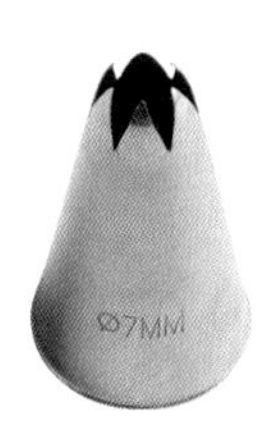

擠花袋

用於將馬德蓮麵糊擠入模型、擠出擠花餅乾（p.28～33）或蛋白餅（p.82）時。若沒有擠花袋，可用厚質地的塑膠袋切除邊角來代用。

後記

菓子屋SHINONOME，是從咖啡屋「from afar 倉庫01」的工坊開始。當時是以製作咖啡屋用的糕點為主，僅在週末，以烘焙菓子屋的狀態營業。這樣的經營，不知從什麼時候開始，烘烤的糕點種類增加了，營業日也隨之變多。

起始於麻雀雖小五臟俱全的工房，現在因工作人員的加入而變得熱鬧精采。

大家一起邊聊天邊包裝點心的時光。
分享試作糕點並開心交流的片刻。
集中精神沈默進行作業的時間。
還有開店前空氣中隱約透出的緊張。
無論何時，都是我珍愛重視的剎那。

即使現在櫃枱上擺滿了增加的糕點種類，我們也仍走在錯誤中嘗試著向前邁進的路途上。

製作本書的過程，每一道糕點都讓我回想起許多點點滴滴。

這本書裡，儘可能將我自己製作糕點時覺得重要的細節，化為文字表達出來。
希望購買本書的讀者，也能享受到菓子屋SHINONOME手作糕點的樂趣。

毛 宣惠

菓子屋シノノメ

東京都台東区蔵前4-31-11
12:00 ～ 18:30
公休日 星期三
Instagram @kashiya_shinonome

喫茶半月

東京都台東区蔵前4-31-11（シノノメ2樓）
12:00 ～ 19:00（L.O.18:30）
公休日 星期三
＊謝絕幼童入內。
Instagram @hangetus _kuramae

Joy Cooking

東京藏前人氣名店

菓子屋SHINONOME的烘烤點心

作者 毛 宣惠

翻譯 胡家齊

出版者 / 出版菊文化事業有限公司 P.C.

Publishing Co.

發行人 趙天德

總編輯 車東蔚

文案編輯 編輯部

美術編輯 R.C. Work Shop

台北市雨聲街77號1樓

TEL：（02）2838-7996

FAX：（02）2836-0028

法律顧問 劉陽明律師 名陽法律事務所

初版日期 2021年4月

定價 新台幣340元

ISBN-13：9789866210761

書 號 J142

讀者專線 （02)2836-0069

www.ecook.com.tw

E-mail service@ecook.com.tw

劃撥帳號 19260956大境文化事業有限公司

請連結至以下表單填寫讀者回函，將不定期的收到優惠通知。

東京藏前人氣名店

菓子屋 SHINONOME 的烘烤點心

毛宣惠 著 初版．臺北市：出版菊文化

2021 96面；19×26公分

（Joy Cooking系列；142）

ISBN-13：9789866210761

1. 點心食譜

427.16 110003203

藝術總監 成澤 豪(なかよし図工室)

設計 成澤宏美(なかよし図工室)

攝影 清永 洋

採訪、文字 美濃越かおる

校正 ケイズオフィス

糕點製作助理 小森聖子、押江琴美

DTP製作 天龍社